ULI BÖCKMANN

Die Bucket List für HARLEY-DAVIDSON FAHRER

100 DINGE, DIE MAN MIT EINER HARLEY-DAVIDSON ERLEBT HABEN MUSS

PLAZA

PLAZA
ist ein Imprint der

HEEL Verlag GmbH
Gut Pottscheidt
53639 Königswinter
Telefon 0 22 23 / 92 30-0
Telefax 0 22 23 / 92 30-13
info@heel-verlag.de
www.heel-verlag.de

2. Auflage, 2024

Verantwortlich für den Inhalt: Uli Böckmann

Lektorat: Jürgen Schlegelmilch

Lithographie, Satz und Gestaltung: F5 Mediengestaltung Ralf Kolmsee, Bonn

Fotos: Adobe Stock (Seite 5, #002, 004, 007, 008, 010, 011, 012, 013, 014, 016, 017, 018, 019, 020, 021, 022, 024, 025, 026, 027, 028, 031, 033, 044, 045, 047, 049, 050, 051, 053, 059, 061, 063, 064, 066, 069, 070, 075, 078, 080, 081, 083, 084, 089, 090, 092, 096, 98, 100); Archiv HEEL Verlag (#001, 002, 015, 025, 026, 028, 033, 035, 036, 041, 042, 059, 061, 067, 071, 087, 088, 091); Auto-Medienportal.Net/Harley-Davidson (#032, 057, 072); Auto-Medienportal.Net/Lego® (#081); Auto-Medienportal.Net/Christoph_Hepperle (#086); Uli Böckmann (Seite 4, #013, 039, 048, 069, 076, 078, 098, 099); The Distinguished Gentleman's Ride (#034); Camping Grubhof (#082); Hamburg Harley Days (#002); Harley Davidson Inc. (#018, 038, 040, 047, 061, 068, 074, 077, 079, 094, 097); Honda (#097); Ralf Kolmsee (#087); picture alliance/dpa/Daniel Reinhardt (#073); Dieter Rebmann (#007, 008, 017, 027, 029, 030, 031, 036, 052, 056, 062, 070, 084, 095); RENNGRIB (#032); Sammlung Motographer/Horst Rösler (#005, 009, 037, 043, 055, 057, 058, 065, 075, 079, 083, 093, 120); Schuberth (#010); Stewarts Point Store (#006); super-rally.com (#001); Volkswagen AG (#085); Wikipedia (#023, 054)

Printed in Czech Republic

ISBN 978-3-96664-571-3

Bitte beachten

Harley-Fahrer haben immer Vorbildfunktion! Bei aller Begeisterung für die anstehenden und teils augenzwinkernd zu verstehenden Aufgaben, sollten selbstverständlich stets die geltenden Gesetze und gesellschaftlichen Normen eingehalten werden.

Die Bucket List für

HARLEY-DAVIDSON FAHRER

Kleben Sie hier ein Foto Ihrer Harley ein.

TIPP ...

Zur Erfolgskontrolle nach erfolgreicher Bewältigung der Aufgabe nicht vergessen, einen Haken an die Sache zu machen!

Vorwort

Die Motoren hatten kaum das Laufen gelernt, als sich die drei Davidson-Brüder mit William S. Harley zusammentaten und in einem kleinen Bretterschuppen in Milwaukee mit der Entwicklung ihrer Motorräder begannen. Damals im Jahr 1903 brachten sie zum ersten Mal ihre Namen zu einer Marke zusammen, denn auf die schlichte Holztür pinselten sie HARLEY-DAVIDSON MOTOR CO., wobei es nicht überliefert ist, warum Harley dabei als erster Name auftaucht - sie werden ihre Gründe gehabt haben.

Doch hat wohl keiner der Vier auch nur im Ansatz geahnt, dass sich ihre kleine Company einmal zu einer der renommiertesten und bekanntesten Marken der Welt entwickeln sollte, zu einem weltumspannenden Kult gar, der nun schon Generationen von Fahrern in seinen Bann zieht. Ein Ende ist nicht absehbar.

So steht eine Harley-Davidson heute als Synonym für Freiheit und Abenteuer, und wer in ihrem Sattel sitzt, fährt nicht nur ein Motorrad - er stillt seine Sehnsüchte. So wird jeder Ritt auf einer Harley zwar per se schon zu einem Erlebnis, doch gibt es trotz allem noch einige Dinge, die besonders sind - so besonders, dass man sie mit (s)einer Harley-Davidson einmal erlebt haben sollte. 100 davon finden sich in dieser Bucket List.

Viel Vergnügen also beim „Abhaken", und auch wenn nicht jeder Punkt auf den ersten Blick realisierbar erscheinen mag, so dürfte er doch zumindest die Fantasie anregen. Es ist daher sehr wahrscheinlich, dass man diese Liste am Ende noch um seine ganz persönlichen „To-Do"-Punkte verlängern wird.

Aber wie empfahl Harley-Davidson schon in den 70ern seinen Kunden: „Turn on Your Own Thunder!"

In diesem Sinne - viel Spaß, wünscht

Uli Böckmann

Die „Super Rally“ mit einem „Topper“ aufmischen

Die jährliche Super Rally der Federation of Harley-Davidson Clubs of Europe (FH-DCE) ist für viele der rund 38.000 Mitglieder ein fixer Termin im Saison-Kalender. Jedes Jahr an einem anderen Ort und organisiert von einem anderen der rund 120 Mitglied-Clubs, lockt die Super Rally Harley-Fahrer aus ganz Europa an. Einzige Bedingung für die Teilnahme: Man muss mit einer Harley auftauchen. Warum nicht mal mit einem „Topper“? 1960 brachte Harley-Davidson diesen 165 Kubik-Zweitakt-Floh zur Welt, um den seinerzeit boomenden Roller-Markt nicht kampflos Vespa und Lambretta zu überlassen. Doch der fünf oder neun PS starke und 430 Dollar teure Scooter konnte mit seiner antiquierten Technik nicht gegen die modernen Italiener bestehen, weshalb seine Produktion schon 1965 nach rund 3000 gebauten Exemplaren wieder eingestellt wurde. Heute ist der Topper eine gesuchte Rarität und erzielt im Topzustand Höchstpreise bei Auktionen. Wer also bei der nächsten Super Rally mit dieser höchst außergewöhnlichen Harley für garantierte Aufmerksamkeit sorgen möchte, sollte ein üppiges Budget einplanen.

Wann und wo die nächste Super Rally stattfindet, erfährt man unter www.superrally.com.

Bei den „Hamburg Harley Days" ein Selfie auf der Reeperbahn schießen

002

Die Teilnahme an der rund 25 Kilometer langen Parade ist wohl für die meisten Besucher der „Hamburg Harley Days" in ein absolutes Muss, doch gar nicht mal so wenige haben noch etwas anderes auf ihrer ganz persönlichen Bucket List stehen: Ein Selfie von sich und ihrer Maschine auf der Reeperbahn. Als beliebteste Backgrounds dafür haben sich zwei Locations in besonderer Weise hervorgetan: „Herzblut" (Reeperbahn 50) und „Cowboy & Indianer" (Reeperbahn 25) sind an diesen Tagen die angesagtesten Lokale für Harley-Fahrer auf der sündigen Meile, und wenn das Selfie im Kasten ist, kann man dort auch in vertrauter Runde einen Drink nehmen. Den nächsten Termin für das riesige Harley-Happening im hohen Norden findet man unter www.hamburgharleydays.de.

003 Mit einer „Guardian Bell“ die bösen Geister verscheuchen

Die amerikanischen Piloten im Zweiten Weltkrieg mögen furchtlose Zeitgenossen gewesen sein, doch konnte sich so mancher nicht von einem gewissen Aberglauben freisprechen. Viele hatten zum Beispiel größten Respekt vor den „Gremlins“, so nannten sie die bösartigen Geister, die für ansonsten unerklärliche Fehler in der Technik verantwortlich gemacht wurden. Um die Gremlins abzuwehren, brachten sie eine kleine Wächterglocke (Guardian Bell) im Cockpit unter, und wenn sie den Krieg dann tatsächlich überlebten und nach Hause zurückkehrten, nutzen sie den bewährten Schutzzauber auch beim Motorradfahren und hängten sich das Glöckchen an ihre Harley.

Die Frage, ob das zarte Gebimmel nun wirklich wirksam ist oder doch eher nicht, hat auf der Straße vielleicht nicht ganz die Relevanz wie in einer Höhe von 10.000 Fuß, doch konnte sich diese Marotte in den USA bis heute bei vielen Harley-Fahrern halten - auch wenn sie vorher keinen Bomber geflogen sind. An einer Harley hängt in der Regel eh schon ziemlich viel, da sollte sich auch noch ein Plätzchen für dieses rein emotionale Sicherheits-Feature finden lassen. Denn: Man weiß ja nie ...

Die Route 66 von Chicago bis nach Los Angeles fahren

004

Wohl keine andere Straße der Welt besitzt solch einen Mythos wie die legendäre Route 66, die über 2451 Meilen quer durch acht US-Bundesstaaten von Chicago bis nach Los Angeles führt. Als die Fernreisestraße im November 1926 eröffnet wurde, war erst ein Drittel der Strecke asphaltiert, dennoch gehörte die Route 66 zu den ersten durchgehend befestigten Straßenverbindungen an die Westküste der USA. „Go west, young man" war damals das Credo einer ganzen Nation, und so wurde die Route 66 zum Synonym für die Aufbruchstimmung jener Zeit.

Obwohl die gern auch „Mother Road of America" genannte Straße längst ihre Bedeutung verloren hat, heute fast ausschließlich durch einsame und verlassene Gegenden führt und auch nicht mehr durchgängig befahrbar ist, gilt sie doch vielen noch immer als Symbol für Freiheit und Abenteuer - Attribute, die Harley-Fahrern nicht gar so fremd sein dürften. Und wie textete Liedermacher Bobby Troup schon 1946 in seinen Welthit: „Get Your Kicks on Route Sixty Six!" Wie könnte man das besser als im Sattel einer Harley-Davidson?

005 ☐ Auf der Daytona Beach Bike Week im „Boot Hill Saloon“ einen kühlen Drink nehmen

Schon seit 1937 lockt die „Bike Week“ Harley-Davidson-Fahrer aus aller Welt nach Daytona Beach. Inzwischen geben sich dort Jahr für Jahr hunderttausende V-Twins ein Stelldichein, was die Bike Week zu einem der größten Motorbike-Events auf dem Planeten macht. Die Hauptschlagader der Bike Week ist die Main Street in Daytona Beach, und um dort die angesagteste Location zu finden, sucht man einfach nach der Hausnummer 310: Der Boot Hill Saloon ist in der Szene legendär und wird gern auch beste Biker-Bar der Welt genannt, was neben dem authentischen Charme wohl auch an den hemmungslosen Live-Bands und den guten und günstigen Drinks liegt. Für echte Harley-Fahrer ist der Boot Hill Saloon auf jeden Fall „A place to be“. Zum Pflichtprogramm gehört es außerdem, sich ein cooles Shirt mitzunehmen – Kultstatus garantiert.

006

Im „Stewarts Point Store“ auf dem Highway 1 ein Truthahn-Sandwich essen

Dana Point - Los Angeles - Santa Monica - Malibu - Santa Barbara - Monterey - Santa Cruz - San Francisco: Die California State Route 1 – auch Highway 1 genannt – ist eine der Traumstraßen der USA, schmiegt sich auf über 650 Meilen meist konsequent an die Küste des Pazifischen Ozeans und garantiert atemberaubende Panoramablicke auf Felsen und Meer. Etwa drei Fahrstunden nördlich von San Francisco bietet sich im „Stewarts Point Store“ direkt an der Strecke eine großartige Gelegenheit für eine ebenso stimmungsvolle wie nahrhafte Pause, denn die Truthahn-Sandwiches aus der kleinen Bäckerei sind jede noch so lange Anfahrt wert. Verpassen kann man den kleinen Laden nicht wirklich, er liegt genau an der Kreuzung mit der Stewarts Point-Skaggs Springs Road, auch die Adresse für's Navi ist eher schlicht: 32000 Highway 1, Stewarts Point, California, United States. Guten Appetit!

Seine Harley vor einem Saloon anbinden

007

Möglich ist das beim „Harley Treffen Pullmanncity“ in Eging am See, denn dort kehren Harley-Biker quasi zu ihren Wurzeln in eine Zeit zurück, als es für einsame Reiter noch weites Land zu erobern gab. In den authentischen Kulissen einer alten Westernstadt kann man seine Harley dort tatsächlich direkt vor dem Saloon abstellen und so auch den ganz frühen American Way of Life erleben, als Sattel und Packtaschen zwar schon dazugehörten, der Lenker aber noch ein Zügel war. Wer sich auf der Main Street duellieren will, muss allerdings damit rechnen, dass der Sheriff einschreitet. Vielleicht dann doch besser direkt in die Dance Hall, sonst landet man am Ende noch beim Undertaker …

008

Auf einer Panhead zum Mardi Gras nach New Orleans reiten

Ein Besuch des Mardi Gras (aus dem Französischen übersetzt: „Fettiger Dienstag") steht ohnehin bei vielen Menschen auf der persönlichen Bucket List, der wohl bunteste Straßenkarneval der Südstaaten lockt alljährlich Hunderttausende nach New Orleans. Für Harley-Fahrer ist dieser Trip allerdings so etwas wie eine Pilgerfahrt, denn sie wandeln damit auf den Spuren von Wyatt und Billy (Peter Fonda und Dennis Hopper), die auf ihren gechoppten Harleys im Film „Easy Rider" dasselbe Ziel hatten. Die Basis für die Umbauten zu „Captain America" und dem „Billy Bike" waren damals ausgemusterte Panhead-Harleys des L.A.-Police Departements. Wer also den Ritt so authentisch wie möglich absolvieren möchte, sollte seine Ansprüche an Technik und Fahrkomfort gute 60 bis 70 Jahre zurückschrauben – und natürlich auch auf einen gefederten Rahmen verzichten. Dann wird sich auch zeigen, wie „Born to be Wild" man wirklich ist.

009 Die Wiege aller Harleys besuchen

Schon 1903 bezogen in Milwaukee William S. Harley und Arthur Davidson ihre erste eigene Werkstatt in einem kleinen Bretterschuppen, kurze Zeit später gründeten sie gemeinsam mit Arthurs Brüdern Walter und William die Harley-Davidson Motor Company. Wo sie einst die ersten Harleys zusammenschraubten, steht heute das Harley-Davidson Museum. In einem denkmalgeschützten Gebäude wird dort an sieben Tagen in der Woche quasi auf historischem Boden die gesamte Geschichte der legendären Marke lebendig – wenn es eine Pilgerstätte für Harley-Fahrer gibt, dann dieses Museum. Auch der originale Bretterschuppen wurde dort übrigens noch lange präsentiert, bis bei Umbauarbeiten am Museum ein Baggerfahrer den alten Schuppen für einen alten Schuppen hielt … Aber auch der Nachbau ist recht sehenswert.

Mit Warnweste und markantem Integralhelm drei Mal um den Block fahren

010

Dieser Challenge stellen sich nur die Härtesten, und selbst von denen schaffen nicht alle die vollen drei Runden. Wer diese für Harley-Fahrer ultimative Mutprobe unbeschadet übersteht, braucht vor der Aufnahmeprüfung in einer echten Rocker-Gang keine Angst mehr haben.

011 Auf der Nordschleife die Bögen aus den Trittbrettern schleifen

Eins werden mit dem Mythos Nürburgring – das geht locker auch auf einer Harley. Zwar dürfte es schwierig werden, im touristischen Verkehr an die ewige Bestzeit für die Umrundung der Nordschleife mit einem Motorrad heranzukommen – 7:49,71 Minuten, aufgestellt schon 1993 –, doch ist es allemal ein echtes Erlebnis, in den 73 Rechts- und Linkskurven zwischen Hatzenbach, Schwedenkreuz und Kesselchen mal dem sportlichen Potenzial seiner Harley auf den Zahn zu fühlen. Die Überraschung wird groß sein – wetten?

Einen Rollerfahrer grüßen

012

Es hält sich ja hartnäckig das Gerücht, Harley-Fahrer würden sich eher den Arm abfaulen lassen, als einen anderen Biker zu grüßen, der keine Harley fährt. Das ist natürlich maßlos übertrieben und maximal verleumderisch, entspricht im Kern aber wohl der gelebten Wirklichkeit. Angeblich wird auf einer Harley die linke Hand schon serienmäßig schwer wie Blei, die meisten können sie also eh kaum heben. Kommt erschwerend dann auch noch ein Roller ins Bild, scheint sie unlösbar mit dem Lenkergriff verwachsen. Wer es allerdings trotz dieser eingebildeten Lähmung schafft, den entgegenkommenden Burgman-Fahrer zu grüßen, wird mit unvorhersehbaren Reaktionen belohnt, von erfreuter Verblüffung bis zu katatonischer Starre ist da alles drin.

013 In einem Tunnel Fehlzündungen mit dem Killschalter provozieren

Dazu zieht man bei der Einfahrt in den Tunnel stramm am Gas und beschleunigt auch in der Röhre noch weiter, bis der rechte Moment gekommen ist, um den fetten Twin mit dem Killschalter spontan abzuwürgen. Wann genau dieser Moment erreicht ist, hängt von der Länge des Tunnels ab, je tiefer man drinsteckt, desto nachdrücklicher wird am (anderen) Ende der Effekt sein. Denn wenn man den Killschalter dann nach rund drei Sekunden ebenso spontan wieder umlegt, hat sich bereits so viel Gemisch im Brennraum gebildet, dass der einsetzende Zündfunke dafür sorgt, dass weite Teile des Tunnelumlands garantiert eichhörnchenfrei sind. Psychologen haben übrigens herausgefunden, dass Menschen, die vorsätzlich ihre Umwelt mit Lärm terrorisieren, vor allem den Umstand genießen, dass alle anderen ihrem Getöse hilflos ausgeliefert sind. Für Vollblut-Ballistiker dieser Preisklasse ist der selbstinszenierte Tunnelknall quasi das phonetische Hochamt.

An einer Charity-Tour teilnehmen

014

Die Harley-Szene ist eine ebenso großzügige wie extrovertierte Familie, die sich bisweilen gern maximal untertourig in einen Konvoi einreiht. Beides lässt sich durch die Teilnahme an einem der zahlreichen Charity-Runs im Land in hervorragender Weise kombinieren, denn man hat in der Regel dort nicht nur jede Menge Publikum, sondern tut dabei auch noch etwas Gutes.

015 Harley-Davidson-Teilhaber werden

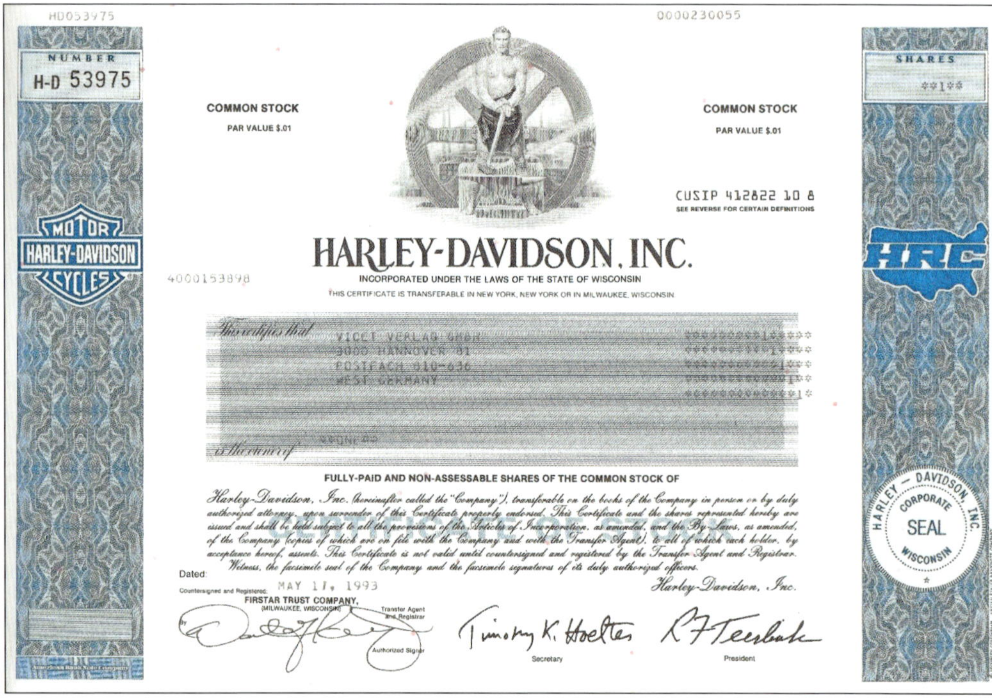

Die meisten Harley-Besitzer geben sich ja schon damit zufrieden, die eigene Maschine im Stall zu haben, manchen jedoch ist das nicht genug. Denn tatsächlich kann der Besitzerstolz noch etwas größer ausfallen, ganz einfach, indem man sich Anteile an der gesamten Company sichert - schließlich ist Harley-Davidson eine Aktiengesellschaft. Aktuell liegt der Kurs der Harley-Aktie bei etwas mehr als 40 Dollar, doch ist es schwer vorherzusagen, ob sich diese Investition lohnt. Ein durchschnittliches Plus von zwei Prozent war in den letzten zehn Jahren wohl drin, doch sollte Profitstreben ohnehin nicht die Triebfeder für diesen speziellen Aktienkauf sein. Vielmehr würde man damit unterstreichen, dass der Glaube an die Marke deutlich tiefer geht.

Einmal die Höchstgeschwindigkeit seiner Harley ausloten

016

Viele Motorradfahrer wollen wenigstens einmal ihr Bike an die Grenzen treiben, schließlich will man ja wissen, was wirklich drinsteckt. Bei Harley-Fahrern ist diese Anwandlung deutlich seltener vertreten, was an den Cruiser-Genen der Marke liegen mag. Umso eindrücklicher ist es, mal zu spüren, wie viel Power aus den beiden Brennräumen zu holen ist. Und wie nachteilhaft ein so breiter Lenker dann doch sein kann.

017 Mit einer Electra Glide auf einem Autoreisezug verreisen

Viele Harley-Fahrer reißen bei der Fahrt an den Urlaubsort tausende Kilometer ab, doch erleben auch immer mehr Big Twins die Anreise auf dem Hänger oder im Transporter. Eine spannende Alternative ist die Anreise mit dem Autozug, zumal dann, wenn man einen Fulldresser aus Harleys adipöser Touring-Liga pilotiert. Wer diese Wuchtbrumme mit eingezogenem Kopf - die maximale Höhe auf dem unteren Deck beträgt 1,55 m - Umfaller-frei durch die untere Etage des Verladewaggons gesteuert kriegt und den Verzurrort ohne Kratzer an der Verkleidung erreicht, hat sein fahrerisches Können damit bereits unter Beweis gestellt. Die Sache hat nur einen Haken: Nach einer Nacht in einem rumpelnden Bett muss man dann auch wieder runter ...

Die erste Harley-Davidson-Fabrik nachbauen

018

Okay, „Fabrik“ ist vielleicht ein großes Wort für den lediglich 10 mal 15 Fuß (ca. 3 x 4,5 m) großen Bretterschuppen, in dem die Geschichte von Harley-Davidson im Jahr 1903 ihren Lauf nahm. Und doch war die hölzerne Laube in den ersten drei Jahren Harleys einzige Produktionsstätte, erst 1906 zog man in ein größeres Gebäude um. Der weitgehend originalgetreue Nachbau sollte für geübte Handwerker kein Problem darstellen, auch der recht grob per Hand aufgebrachte Schriftzug „Harley-Davidson Motor Co.“ auf der schmalen Tür wird hinzukriegen sein. Wie man seine Road Glide allerdings da durch kriegt, steht auf einem anderen Blatt …

019

Ein Fahrsicherheitstraining beim Profi buchen

Eine Harley zu fahren, ist in jeder Hinsicht etwas Besonderes. Doch nicht nur Mythos und Look verleihen den Big Bikes aus Milwaukee eine Sonderstellung, auch das Handling dieser Maschinen ist eine Sache für sich und in so mancher Hinsicht nicht mit denen „normaler“ Motorräder zu vergleichen. Es macht also durchaus Sinn, sich mal in die Hände eines versierten Instruktors zu geben und so den erstaunlichen Reserven seiner Harley auf den Grund zu gehen. Und den eigenen natürlich auch. Aber eines ist mal sicher: Man wird staunen, was alles geht!

Die höchste asphaltierte Straße der Alpen befahren

020

Schon seit 1972 führt die Ötztaler Gletscherstraße in Tirol von Sölden durch den Rosi-Mittermaier-Tunnel zum Tiefenbachferner. Am Ende des Tunnels erreicht man den mit 2829 m höchsten asphaltierten Punkt der Alpen. Das geht allerdings nur in den Sommermonaten, und dass auch nur dann, wenn man ein wenig Geld in den Taschen hat, denn für die Hin- und Rückfahrt - die Ötztaler Gletscherstraße ist eine Sackgasse - wird eine Mautgebühr erhoben. Aber der Einsatz lohnt, denn näher kann man dem Himmel mit seiner Harley kaum kommen.

021 Am Nordkap im Abendrot spazieren fahren

Der nördlichste vom Festland aus per Straße erreichbare Punkt Europas ist seit vielen Generationen ein ferner Sehnsuchtsort für Motorrad-Tourer. Schon die lange Fahrt in den hohen Norden ist je nach gewählter Route überaus abwechslungsreich, doch wenn man dann auch noch zur richtigen Zeit unterwegs ist, kann man den Chrom an seiner Harley rund um die Uhr in der Sonne glänzen sehen. Sagenhafte elf Wochen hält sich der strahlende Planet im Sommer dort oberhalb des Horizonts, nirgends sonst kann man länger in den Sonnenuntergang fahren.

Eine „Fahrt ins Blaue“ unternehmen

022

Für die denkbar einfache Routenplanung dieser Tour braucht man kein Navi und keine Karte, man muss nur rechts und links auseinanderhalten können. Zum Start fährt man einfach so lange geradeaus, bis es nicht mehr weitergeht - und dann rechts. Das ist auch schon die immergleiche Kernbotschaft, denn wenn es dann nicht mehr weitergeht, dann fährt man wieder rechts. Und so weiter, und so weiter. Erst wenn man merkt, dass man im Kreis unterwegs ist - etwa, weil man nun schon zum dritten Mal am Schlachthof vorbeifährt -, biegt man am nächsten Endpunkt ausnahmsweise mal nach links ab. Großangelegte Feldversuche haben gezeigt, dass sich bei einem Tagesritt mit derart ungewissem Verlauf die Abenteuerkomponente deutlich steigern lässt. Praktischer Hinweis: Man sollte mit der Tour nicht im Zentrum einer Großstadt beginnen ...

023 Eine Harley-Davidson mit Boxermotor und Kardanantrieb testen

Nein, dafür ist kein individueller Umbau vonnöten, das gab es tatsächlich mal ab Werk. Und zwar auf ausdrücklichen Wunsch der US-Army, die während des Zweiten Weltkriegs nach einem Motorrad mit Kardanantrieb verlangte. Zwar hatte Harley da schon zahllose WLA 750 an die Army geliefert, doch haderte man dort mit dem wartungsaufwändigen Kettenantrieb, während die kardangetriebenen BMWs und Zündapps der Deutschen Wehrmacht diese Probleme nicht hatten - vor allem nicht im nordafrikanischen Wüstensand. So beauftragte man Harley-Davidson wie auch den Konkurrenten Indian mit dem Bau eines Motorrads nach dem Vorbild der deutschen Konstruktionen, und da die Zeit etwas drängte, wählte man bei Harley-Davidson den pragmatischsten aller Wege: Man kopierte den Boxermotor und den Antriebsstrang der BMW R 71, doch obwohl die 740 Kubik große und 23 PS starke Maschine mit dem Namen XA 750 nun den Anforderungen des Militärs genügte, kam es nicht zur Großserienproduktion. Nach gut eintausend zu Testzwecken gefertigten Exemplaren im Jahr 1942 wurde die Produktion auch schon wieder eingestellt, denn die Army hatte es sich inzwischen anders überlegt und den Jeep zum ultimativen Allzweckfahrzeug der Streitkräfte erhoben. Wie viele XA 750 den Krieg überlebt haben, ist nicht überliefert. Angeblich wurden bis 1946 auch noch weitere Modelle produziert, Insider gehen von weltweit noch maximal sechzig bis siebzig vollständigen und funktionierenden Exemplaren aus. So ist es also zumindest theoretisch möglich, mal eine Boxer-Harley mit Kardan zu fahren. Sollte man mal erlebt haben - und sei es nur, um hinterher umso überzeugter von seinem V2 zu sein.

Das Harley-Patch selbst annähen

024

Ob Lederjacke oder Kutte, irgendwo ist immer Platz für ein standesgemäßes Patch. Nur Ignoranten oder HARINOs (Harley-Rider In Name Only) kleben das Patch auf oder lassen es von Mutti aufbügeln, echte Markenjünger greifen zu Nadel und Edelstahlfingerhut und nähen es per Hand selbst an. Wer es auf die Fingerspitze treiben will, erledigt diese rituelle Handarbeit im Kreuzstich, denn diese Technik wurde bereits im Mittelalter erfunden – also kurz bevor die ersten Harleys gebaut wurden.

025 Mit einer Harley-Davidson in drei Sekunden von Null auf Hundert beschleunigen

Seit eh und je ist der Big Twin die ultimative Antriebsquelle für eine Harley. Dabei glänzen die großen V-Motoren in erster Linie durch ihren saftigen Punch im Drehzahlkeller, ihre Beschleunigungswerte jedoch bringen sie in etwa auf Augenhöhe mit einer Wanderdüne. Deshalb ist es in der Tat ein besonderes Erlebnis, ausgerechnet auf einer Harley in Sachen Beschleunigung mal an der Drei-Sekunden-Marke zu kratzen, ein Wert, den in der Regel nur hypermotorisierte Superbikes erreichen. Möglich wird das mit der Harley-Davidson LiveWire, die sogar auf dem Drag-Strip überzeugt, wo sie auf der Viertelmeile mit 11,156 Sekunden jüngst einen neuen Weltrekord aufgestellt hat - für Elektromotorräder. Okay, die LiveWire mag als E-Bike ein rotes Tuch für die eingeschworene Gemeinde sein, aber irgendwann lassen sich die Akkus bestimmt auch in V-Form verbauen.

026

Den Tag mit einem „Harley Estate"-Kaffee beginnen

Der obligatorische Harley-Mug (Kaffeebecher) gehört ohnehin in den Küchenschrank eines ordentlichen Harley-Haushalts, doch so wirklich gelungen ist der Einstieg in den Tag nur, wenn darin ein echter „Harley Estate"-Kaffee dampft. Dieser hochwertige Kaffee hat einen sehr hohen Koffeingehalt und wird auf einer Plantage in Harley angebaut, einem kleinen Ort im Anbaugebiet vom Manjarabad in Indien. Von dort sind es übrigens nur rund 2000 km bis nach Bawal in der Nähe von Neu-Delhi, wo Harley-Davidson bis vor kurzem noch die Modelle Street 500 und Street 750 bauen ließ. Der Name Indien weckt in Harley-Fahrern zwar unangenehme Assoziationen, hat aber nichts mit der Konkurrenz zu tun.

027 Picknick mit einem Servi-Car

Echte Einspurfetischisten mögen die Nase rümpfen, aber das Servi-Car ist nun mal die Harley-Davidson mit der längsten Produktionsdauer ever. Und wird es wohl auch bleiben, denn es ist kaum anzunehmen, dass noch einmal ein Modell sagenhafte 42 Jahre lang gebaut wird – übrigens ohne daran gravierende Änderungen vorzunehmen. Sicher, Bremsen und Federung des Dreirads wurden zwischenzeitlich der technischen Entwicklung angepasst, auch der riesige Kofferraum war irgendwann nicht mehr aus Stahlblech, sondern aus Fiberglas. Der Motor jedoch blieb bei allen rund 32.000 von 1932 bis zum Produktionsende 1973 gebauten Exemplaren stets derselbe: der seitengesteuerte Flathead-Twin mit 741 ccm Hubraum und rund 22 PS, der das gut 600 Kilo schwere Dreirad bis an die 80 km/h-Marke brachte. Mit handgeschaltetem Dreigang-Getriebe samt Rückwärtsgang brachte das Servi-Car in ganz Amerika den Handwerker zur Baustelle, den Kurierfahrer zum Kunden und den Cop zum Einsatzort und wurde so im Lauf der Jahrzehnte zum nationalen Kulturgut. Ganz nebenbei war das Servi-Car im Jahr 1964 auch die allererste Harley, der man einen elektrischen Anlasser spendierte. Dank des voluminösen Gepäckabteils kann man das Picknick übrigens durchaus auch gern etwas größer planen, für ein paar Zentner Verpflegung ist da allemal Platz.

028 Brigitte Bardots Song „Harley-Davidson“ aushalten

ZZ Top oder Motörhead mögen den musikalischen Vorlieben der Szene sicher etwas näherkommen, aber schon im Jahr 1967 brachte Brigitte Bardot in schlichten Reimen auf den Punkt, was echten Harley-Fahrern hinter dem Lenker so durch den Kopf geht. Zwar reicht ihre Stimme bestenfalls für den Einsatz an einer Hot-Dog-Bude und ihre Mimik und Gestik sind in etwa so ausgeprägt wie die eines hübschen Kleiderständers, aber die ihrem Song innewohnende Botschaft würden womöglich viele Harley-Treiber auch heute noch unterschreiben. Wer sich diese musikalische Offenbarung antun will, wird bei YouTube ruckzuck fündig, sollte dafür aber zumindest für 2:29 Minuten eine gewisse Leidensfähigkeit mitbringen, dann ist es überstanden. Für zarter besaitete Gemüter reicht vielleicht auch der Text:

Ich brauche niemanden auf einer Harley-Davidson
Ich erkenne niemanden auf einer Harley-Davidson
Ich drücke auf den Anlasser, und siehe da, ich verlasse die Erde
Ich komme vielleicht in den Himmel, aber in einem Höllenzug
Ich brauche niemanden mehr auf der Harley-Davidson
Ich erkenne niemanden mehr auf der Harley-Davidson.
Und wenn ich morgen sterbe, dann war das eben mein Schicksal
Mein Leben ist mir weit weniger wichtig als meine schreckliche Maschine
Wenn ich unterwegs das Stampfen meiner Maschine spüre
steigt in meinen Lenden ein Verlangen auf
Ich brauche niemanden auf einer Harley-Davidson
Ich erkenne niemanden mehr auf der Harley-Davidson.
Ich fahre mit über 100, und ich fühle mich wie Feuer und Blut
Was kümmert es mich, mit wehendem Haar zu sterben?
Was kümmert es mich, mit wehendem Haar zu sterben?

Nun ja …

Seine Harley umbauen

029

Motorradmenschen bezeichnen sich selbst ja gern als Individualisten, ganz besonders gilt das jedoch für Harley-Fahrer – deshalb haben sie sich ja für diese Marke entschieden. Da ist es nur folgerichtig, seiner eigenen Harley mit einem individuellen Umbau dann auch noch den ganz persönlichen Stempel aufzudrücken. Manche greifen dafür tief in die Tasche und lassen umbauen, die volle Genugtuung wird jedoch nur der spüren, der den Werkzeugkasten rausholt und es selbst macht. Ein vom Profi realisierter Heckumbau ist sicher nicht zu verachten, doch der selbstangeschraubte Spiegel glänzt manchmal viel heller in der Sonne. Einfach mal machen!

030 Harley-Wandkalender mit eigenen Fotos gestalten

Harley-Wandkalender gibt es Jahr für Jahr in Hülle und Fülle, dieser Kalender jedoch ist ein absolutes Unikat. Einfach zwölf schöne Motive aus der letzten Saison raussuchen, online daraus einen schönen Fotokalender gestalten und dann auf das Paket vom digitalen Druckerservice warten. Individueller kann man sein Harley-Jahr kaum angehen – rein kalendarisch gesehen.

Mit einem Schwedenchopper zum Stilfser Joch hochfahren

031

Das Stilfser Joch in Südtirol ist mit 2757 m die höchste Passstraße Italiens, und will man sie erklimmen, muss man auf dem Weg nach oben insgesamt 48 Haarnadelkurven bewältigen. Schon auf einem normalen Motorrad sind dabei insbesonders die Rechtskurven eine Herausforderung, mit einem echten Schwedenchopper - also maximal reduziert, maximale Gabellänge - wird daraus jedoch eine Übung für die Hofreitschule, die nur kaltblütige Könner in einem Zug schaffen. Kleiner Sicherheitshinweis: Es macht großen Sinn, sich dabei so zu verhalten wie die Postbusfahrer - die hupen vor den Kurven immer.

Oben angekommen, hat man sich die heiße Ovomaltine jedenfalls redlich verdient, obendrein wird man die kleine Stärkung auch brauchen. Denn auf der anderen Seite geht es durch 34 Kehren wieder hinunter ins Tal ...

032 An einer „Loudest Exhaust Competition“ teilnehmen

Viele Harley-Fahrer pflegen eine hochemotionale Beziehung zu dem Schalldruckpegel, den ihr Motorrad in die Welt entlässt. Der beschreibt zwar nur das logarithmierte Verhältnis des quadrierten Effektivwertes des Schalldrucks eines Schallereignisses zum Quadrat des Bezugswertes, kann vielen aber einfach nicht hoch genug sein. Das sorgt unterm Strich dann dafür, dass man in der Nachbarschaft - und bisweilen auch in angrenzenden Stadtteilen - stets darüber im Bilde ist, wann der Harley-Fahrer nach Hause kommt. Früher war eine „Loudest Exhaust Competition“ beliebter Bestandteil vieler Harley-Events, heute jedoch sind diese Wettbewerbe nur noch schwer zu finden. Aber es gibt sie noch, also hindonnern und mit etwas Glück, leerem Auspuff und bar jeder Hemmung den Pokal abstauben!

Bei minus zwei Grad einen Early Shovel ankicken

033

Ein weit verbreitetes Märchen in der Harley-Szene erzählt von der angeblichen Unmöglichkeit, bei niedrigen Temperaturen einen Early Shovel per Kickstarter zum Leben zu erwecken. Okay, das zähe Öl vereinfacht die Sache nicht unbedingt, aber ist der Motor richtig eingestellt und die rechte Kick-Technik verinnerlicht, geht das angeblich auch in Adiletten. Manche behaupten, sie schaffen das bei etwas höheren Temperaturen auch per Hand – was durchaus möglich ist, nur spricht das dann eher dafür, dass der Motor bereits restlos runtergeritten ist und kaum noch Kompression hat. Aber ob nach dem zweiten oder dem zwanzigsten Tritt: Wenn er dann anspringt, ist jeder Early Shovel ein Erlebnis!

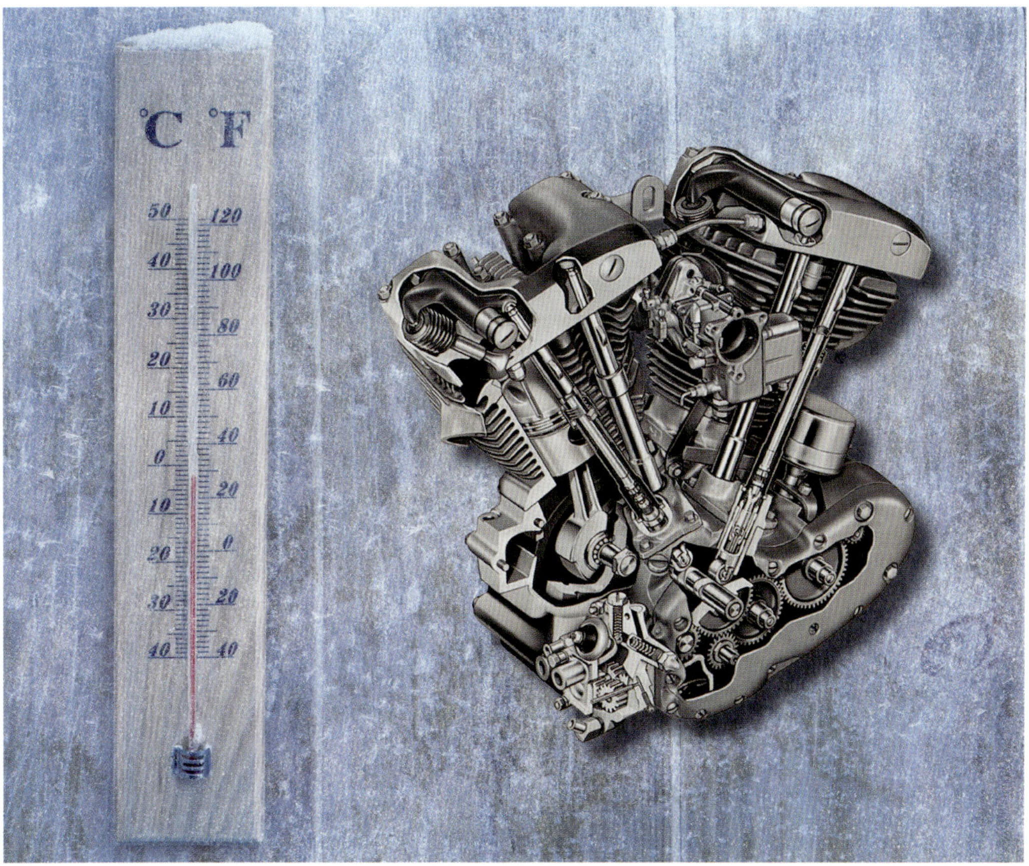

034 Am Distinguished Gentleman's Ride teilnehmen

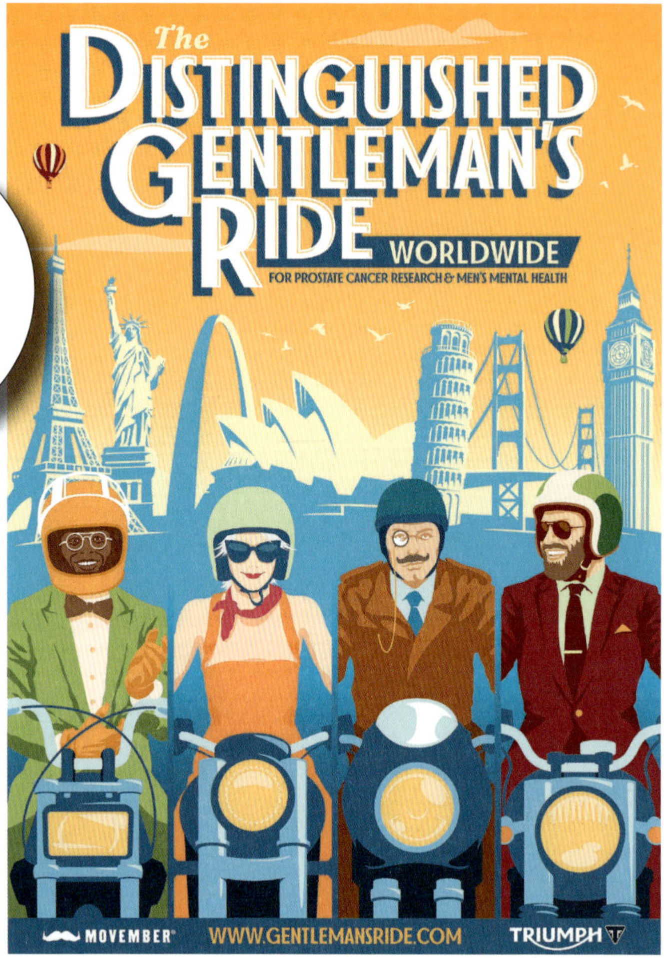

Das Besondere am Distinguished Gentleman's Ride ist sicher die Tatsache, dass sich alle Teilnehmer maximal in Schale schmeißen. Und dass man nahezu überall auf der Welt am selben Tag an ihm teilnehmen kann. Ins Leben gerufen wurde der Ride von Mark Hawwa in Sydney, der in dieser Motto-Fahrt eine gute Möglichkeit erkannte, um dem negativen Klischee von Männern auf Motorrädern etwas entgegenzusetzen. Und dabei auch noch Gutes zu tun, denn das erklärte Ziel aller teilnehmenden Gentleman ist es, Geldmittel und Aufmerksamkeit für die Prostatakrebsforschung und die psychische Gesundheit von Männern zu sammeln. Seit 2012 sind in 115 Ländern der Erde so von bislang rund 340.000 Teilnehmern bereits mehr als 30 Millionen Dollar zusammengekommen.

Also Maschine und Fahrer rausputzen und am nächsten Ride teilnehmen - wann und wo erfährt man unter www.gentlemansride.com.

Mit einer Harley-Davidson Baja bei der „Baja 1000“ starten

035

Nein, die Pan America ist nicht das erste Geländemotorrad von Harley-Davidson. Schon in den frühen 1970er Jahren trug ein gerade mal 98 ccm großer Zweitakt-Wüstenfloh ebenfalls den legendären Namen auf dem Tank – auch wenn die Harley-Davidson Baja 100 gar nicht in den USA gebaut wurde. Zusammengeschraubt wurde sie nämlich im italienischen Varese von Aermacchi, das damals zu 50 % im Besitz von Harley-Davidson war. Der luftgekühlte Einzylinder-Zweitakter leistete 11,5 PS und wurde bevorzugt bei amerikanischen Wüstenrennen eingesetzt, wobei dem Harley-Werksteam im Jahr 1971 das Kunststück gelang, mit dem kleinen Stoppelhopser die Gesamtwertung der Baja 1000 – dem wohl härtesten, 1000 Meilen langen Wüstenrennen über die Halbinsel Baja California – in seiner Klasse zu gewinnen. Harley ging mit gleich 14 Maschinen an den Start, acht davon landeten unter den Top Ten.

036 Mit einer Starrrahmen-Harley einen „Saddle Sore" fahren

Der „Saddle Sore" ist die niedrigste Einstiegshürde der „Iron Butt Association" (IBA), also der Gemeinschaft der Eisenärsche. Mitglied kann jeder werden, der einen der zertifizierten Rides absolviert und das nach den strengen Regeln der IBA auch belegen kann. Der „Saddle Sore" (Sattelschmerz) ist dabei wie gesagt die kürzestmögliche Distanz und verlangt vom Fahrer, dass er 1000 Meilen (also gut 1600 km) innerhalb von 24 Stunden abreitet. Das ist schon auf einem normalen Motorrad eine Tortur, wird mit einem Harley-Starrrahmen jedoch zur ultimativen Ausdauerprobe. Wer das durchsteht, kann sich seinen Eisenarsch dann auch direkt verchromen lassen.

Mit der Harley einen Burnout machen

037

Du musst schon einmal richtig durchdrehen – sonst wird das mit dem Burnout nix. Also einen festen Stand einnehmen, Kupplung und Vorderradbremse ziehen, Motor hochdrehen lassen und den ersten Gang einlegen. Dann die Kupplung lösen und den Reifen durchdrehen lassen. Wenn es funktioniert, kannst Du allerdings nichts mehr sehen, denn Dein Reifen wird Dich mit stinkendem Qualm maximal einnebeln. Auf jeden Fall der schnellste Weg, aus seinem Hinterreifen einen Slick zu machen. Kleiner Tipp noch: Auf gar keinen Fall die Vorderradbremse lösen …

038 Mit einem Harley-Motor den Rasen mähen

Von 1928 bis in die späten dreißiger Jahre baute die Worthington Mower Company in Stroudsburg, Pennsylvania, den „Triplex Overgreen-Mäher" speziell für den Einsatz auf professionellen Golfplätzen. Der Motor für den Mini-Traktor wurde zunächst noch von Indian zugeliefert, doch ab 1929 nahm Harley-Davidson der Konkurrenz aus Springfield auch diese Butter vom Brot und produzierte speziell für Worthington einen Einzylinder-Seitenventil-Motor, dessen Technik aus den seinerzeit gebauten Flathead-Modellen entnommen wurde. Angeblich kommt der raffinierte Mäher noch heute vereinzelt auf Golfplätzen zum Einsatz, was angesichts der soliden Technik jedoch nicht verwundern kann. Es gibt also durchaus Chancen, mit einer alten Harley mal einen guten Schnitt zu machen.

Mit Harleys Cafe Racer zur Eisdiele fahren

039

Als es Harley-Davidson in den siebziger Jahren richtig dreckig ging, ließ man nichts unversucht, um aus vorhandenen Teilen mit möglichst geringem Aufwand etwas Neues entstehen zu lassen. So versuchte sich Willie G. Davidson daran - seinerzeit als Chief Styling Officer für den Look aller Harleys verantwortlich -, rund um den 68 PS starken V2 aus der XL 1000 eine Harley zu bauen, wie sie die Welt noch nicht gesehen hatte. 1977 entwickelte er den ersten und bislang einzigen Cafe Racer aus Milwaukee, der dann am Markt jedoch kapital floppte. Die zwei Kernprobleme dabei: Erstens mochten typische Harley-Fahrer keine Cafe Racer, zweitens mochten typische Fahrer von Cafe Racern keine Harleys. Da wird es dann verdammt schwer, Käufer zu finden. Eine miserable Bremse, die extrem schwergängige Kupplung und die heftigen Vibrationen taten ein Übriges, so dass von der eigentlich sehr hübschen Maschine zwischen 1977 und 1979 nur etwas mehr als 3000 Exemplare gebaut wurden.

040 Mit einem Ferkel auf dem Tank an einer Parade teilnehmen

Das Akronym H.O.G. steht in der Harley-Welt eigentlich für „Harley Owners Group“, die weltweit größte Kundenvereinigung eines Motorradherstellers mit mehr als einer Million Mitgliedern. Die ersten Chapter gründeten sich 1987 in den USA, und dass man bei der Namensfindung tatsächlich auch an den spektakulären Beginn der eigenen Rennsporthistorie gedacht hat, ist durchaus wahrscheinlich.
Denn das Wort „hog“ bedeutet im englischen „Schwein“, und ein Schwein war in den 1920er Jahren auch das Maskottchen der „Wrecking Crew“ („Abbruchkolonne“), jenes ruhmreichen Harley-Werksrennteams, das auf den mörderischen US-Boardtracks zahllose Siege für die Marke aus Milwaukee einfuhr. Die Harley-Mannschaft nahm nach den Rennen damals stets das Team-Maskottchen mit auf die Ehrenrunde, und so hockte auf einem der Tanks immer ein kleines Schwein, das so zum Symbol der Wrecking Crew wurde. Klein musste das Schwein allein deshalb sein, weil die Tanks der Boardtrack-Racer sehr schmal waren. Wer die Parade heute auf seiner Fat Boy mitfährt, kann größer denken.

041

Beim „Cannonball Motorcycle Endurance Run“ Finisher sein

Dieses besondere Rennen wird im Zweijahres-Rhythmus in den USA ausgetragen. Besonders ist der Cannonball Motorcycle Endurance Run gleich aus mehreren Gründen, denn erstens zieht sich das Rennen über rund zwei Wochen hin, zweitens kommen in der Regel so abertausende Meilen zusammen, die größte Besonderheit ist aber drittens, dass die teilnehmenden Motorräder mindestens 90 Jahre alt sein müssen. Deshalb geht es für alle Teilnehmer vor allem ums Ankommen, auch wenn am Ende verschiedene Klassensieger gekürt werden. Die Veranstaltung erinnert übrigens an Erwin George „Cannonball“ Baker, der ab 1914 mit seinen zahllosen Langstreckenrekorden zu einer amerikanischen Motorsportlegende wurde. Zusätzlicher Ansporn für Harley-Fahrer dabei: Baker war damals in der Regel vorwiegend auf einer Indian unterwegs. Gute Gelegenheit zu beweisen, dass solche Long-Distance-Rides auch locker mit einer Flathead möglich sind. Infos und Anmeldung unter www.motorcyclecannonball.com

042 Sich von einem Leistungsprüfstand überraschen lassen

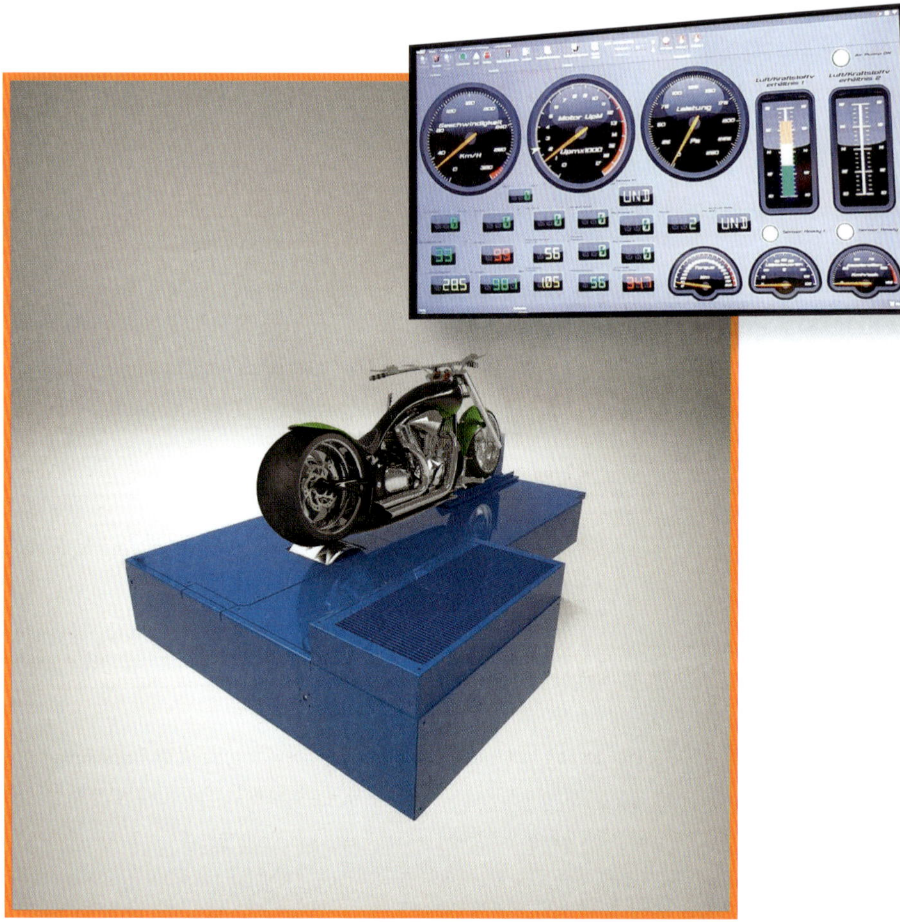

Ein Fahrzeugschein ist geduldig. Immer wieder müssen die Testredaktionen des Landes bei ihren Messungen feststellen, dass die angegebene Leistung eines Motorrads nicht der Realität entspricht. Dabei sind Abweichungen nach oben wie auch nach unten möglich, auch wenn der Test auf dem Prüfstand zumeist weniger Pferdestärken zu Tage fördert, als in den Verkaufsunterlagen ausgelobt wird. Wer also wissen möchte, wie viel Power seine Harley denn nun tatsächlich hat, sollte einfach mal 60 bis 80 Euro investieren und sie auf die Rollen eines Leistungsprüfstands stellen. Könnte in der einen wie in der anderen Richtung eine Überraschung geben.

Mit seiner Harley an einem Hillclimb teilnehmen

043

Harley und Hillclimb – das passt doch so gar nicht zusammen, oder? Nun, die Historie belehrt uns auch hier eines Besseren. Denn schon kurz nachdem die Harleys laufen gelernt hatten, mussten sie sich im harten Wettbewerb beweisen. Schließlich waren Erfolge im Motorsport damals enorm verkaufsfördernd, und so trat auch Harley-Davidson in dem einen oder anderen Rennzirkus an. Dabei war die Auswahl an Motorradsport-Disziplinen in der Frühzeit recht übersichtlich: Neben den aus hunderttausenden Holzlatten zusammengezimmerten Boardtracks mit ihren mörderischen Steilkurven gab es ansonsten noch die Möglichkeit, auf einem Dirttrack-Rundkurs durch den Dreck zu driften, oder man versuchte beim Hillclimb einen extremen Hang raufzubrettern, zumindest so hoch wie möglich. Der Überlieferung nach schlugen sich die schweren Harleys in den Anfängen dieses steilen Sports erstaunlich gut, wobei nicht außer Acht gelassen werden darf, dass die US-Konkurrenz von Indian oder Excelsior in derselben Gewichtsklasse an den Start ging.

Übrigens: Die hier gezeigte DAH diente auch als Vorbild für die Hillclimber-Bronzeplastik von Jeff Decker vor dem Harley-Davidson-Museum in Milwaukee.

044 Einmal die Harley im Wohnzimmer überwintern lassen

Es soll Harley-Fahrer geben, die ihr Wohnzimmer gern mit ihrer Ehefrau teilen, man hört solche Geschichten ja immer wieder. Doch auch die hätten sicher nichts dagegen einzuwenden, die Schrankwand doch lieber in der Garage aufzubauen und den frei gewordenen Platz nochmal feucht durchzuwischen, um dann ihrer Harley dort ein kuscheliges Winterquartier zu bereiten. Zweifellos würden es viele wohl begrüßen, für ein paar Monate im Jahr als Couch-Potato neben der Liebsten in eine Winterstarre zu fallen – dabei muss die Partnerin ja nicht zwingend stören. Am Ende jedoch vereint alle derart Getriebenen die im Stillen bohrende Frage, wie sich die Nummer durch den Familienrat kriegen lässt – nur die Pappe drunter legen wird kaum reichen. Wir drücken die Daumen!

045

In Harley-Davidson-Bettwäsche träumen

Auf einer Harley sollte man nicht träumen – eher schon von einer Harley. Wie könnte man das besser als in Harley-Davidson-Bettwäsche?

Den V2-Motoren-Stammbaum von Harley-Davidson auswendig aufsagen

☐ 046

Auswendig lernen!!!

V2-GENERATIONEN

F-Head	1911 bis 1929	Evolution	1984 bis 1999
Flathead	1929 bis 1948	Evolution Sportster	ab 1986
Knucklehead	1936 bis 1947	Twin Cam	1999 bis 2017
Panhead	1948 bis 1965	Revolution	2002 bis 2017
K-Motor	1952 bis 1956	Revolution X	ab 2014
Ironhead (Sportster)	1957 bis 1984	Milwaukee-Eight	ab 2017
Shovelhead	1966 bis 1984		

Die Historie von Harley-Davidson ist weit mehr als hundert Jahre lang, und schon im Jahr 1911 hing der erste V2 im Rahmen. Gleich zwölf weitere V2-Generationen sollten seitdem folgen, es ist also nicht ganz so einfach, die alle im Kopf zu haben.

047 Mit seiner Harley über 13 Doppeldecker-Busse springen

Auf dem Höhepunkt seiner Karriere war der US-Stuntman Evel Knievel so berühmt wie Cassius Clay oder O.J. Simpson, kein anderer Sportler der Welt erreichte damals so hohe TV-Einschaltquoten. Seine Motorrad-Sprünge von Rampe zu Rampe verhalfen ihm zu weltweitem Ruhm, selbst sein spektakulär gescheiterter Versuch, mit einem Raketenmotorrad einen Canyon zu überspringen, schaffte es in die Geschichtsbücher. Hatte Knievel seine Kurzstreckenflüge bis dahin ausnahmslos in den USA absolviert, wagte er im Jahr 1975 erstmals den Sprung über den großen Teich, für den er allerdings noch auf einen Linienflug zurückgriff. Am 26. Mai jedoch flog er dann wieder selber, denn im Londoner Wembley Stadion hatte man dreizehn AEC Merlin-Busse - die typischen Londoner Doppeldecker - für ihn quer aneinandergereiht und damit 90.000 Zuschauer angelockt, die den Sprung live erleben wollten. Und sieht man Knievel nach langem Anlauf dann abheben (das Video dazu ist im Netz leicht zu finden, da reichen die Suchbegriffe „Knievel" und „Wembley"), macht auch zunächst noch alles einen recht soliden Eindruck. Knievels bevorzugtes Fluggerät war zu der Zeit eine Harley-Davidson XR 750, die ab 1970 in kleiner Stückzahl als Production-Racer für Dirttrack-Rennen gebaut wurde. Doch eignete sich die nur 130 Kilo leichte Maschine auch ganz prima für die Luftfahrt, und hätte Evel Knievel an diesem Tag nur ein klein wenig mehr Gas gegeben, dann wären bestimmt auch die entscheidenden zwei Meter noch drin gewesen, die ihn über die Kante der Landerampe getragen hätten. So aber trifft er sie mit dem Hinterrad hart, was ihn und die Harley auf eine ganz neue Flugbahn schickt, die ihm am Ende zahllose Knochenbrüche inklusive eines Beckenbruchs einbringt. Unmittelbar nach dem Sprung spricht er - noch knapp bei Bewusstsein - durchs Mikrofon zur konsternierten Menge und lässt sie wissen, dass sie die Letzten gewesen seien, die ihn haben springen sehen: „I will never, ever, ever jump again." So hat Evel Knievel in Europa nicht einen einzigen erfolgreichen Sprung absolviert, es dürfte also ein echtes Erlebnis sein, den Meister der Flugshows mit einem gelungenen Sprung auf europäischem Boden zu überflügeln. Wobei man mit dreizehn Bussen eigentlich nicht mehr wirklich hinkommt, denn am 25. Oktober 1975, keine fünf Monate nach Koma, Krücken und Knochensalat, hatte Knievel seine Abschiedsworte aus Wembley offensichtlich schon wieder vergessen. Und so steht er in Kings Island bei Cincinnati schon wieder vor einer langen Rampe, überfliegt dort erfolgreich 14 Greyhound-Busse und stellt damit einen neuen Weltrekord auf.

048 Einen Beiwagen an seine Harley schrauben

Nicht Motorrad, schon gar nicht Cabrio, vielmehr etwas ganz Eigenes wird aus einer Harley, wenn man rechts einen Beiwagen dranschraubt. Bei Harley-Davidson gesellte sich das dritte Rad schon sehr früh hinzu, bereits 1905 gab es an vereinzelten Rahmen entsprechende Montageschuhe. Rund zehn Jahre später bot Harley dann selbst Komplett-Gespanne an, entwickelte 1917 gar einen Motor speziell für den Beiwageneinsatz und fand mit seinen „Threewheelern" zunächst stabilen Absatz bei Militärs, Handwerkern und Familienvätern. In den sechziger Jahren übernahm Harley-Davidson dann die Tomahawk Boat Manufacturing Corporation in Wisconsin, denn man wollte die schweren Metallboxen am Servicar durch eine Glasfaserkonstruktion ersetzen. Da lag es nahe, im selben Zug auch die Formen für das seitdem ebenfalls aus Kunststoff gefertigte Harley-Beiboot zu entwickeln, an denen man dann 45 Jahre lang festhielt - von 1966 bis 2011. Seit 2012 findet sich im Modellprogramm allerdings kein Harley-Gespann mehr.

Ein besonderes Erlebnis ist die Fahrt mit einem Beiwagen allemal, denn das dritte Rad bringt eine gewisse Asymmetrie in die Fuhre, so dass man plötzlich rechts und links nicht mehr gleich schnell um die Ecken kommt. In einer zügig gefahrenen Rechtskurve mutiert das schicke Beiboot schon mal zum Zeppelin und macht sich auf gen Himmel, weshalb erfahrene Piloten bei Solofahrten den fehlenden Passagier gern durch einen Bleisack (o. ä.) ersetzen - schließlich gehören Schräglagen nicht wirklich zum Konzept. Eingeschworene Gespann-Fahrer sind übrigens der Meinung, dass man nicht mehr davon lassen kann, wenn man es einmal versucht hat. Also vielleicht einfach mal ausprobieren ....

Seinen „Harley-Claim“ abstecken

049

Das Erste, worum sich die vom Goldrausch Getriebenen vor anderthalb Jahrhunderten kümmerten, sobald sie ihr Ziel erreicht hatten: Sie steckten deutlich sichtbar ihren Claim ab. Das machte durchaus Sinn, schließlich waren auch zehntausende andere mit Hacke und Spaten angereist, um sich als Glücksritter zu versuchen, und so manifestierte man seine Ansprüche auf ein genau definiertes Stück Land mit deutlichen Markierungen. Zwar gilt es heute keine Schürfrechte mehr zu verteidigen, aber was den Abenteurern am Yukon und am Klondike damals ein gutes Gefühl gab, erfüllt auch heute noch mit einer gewissen Genugtuung. Von massiven Zäunen oder Lösungen mit Maschendraht wird allerdings abgeraten, aber das Schild „Harley-Davidson Parking Only“ ist in etlichen Größen und Formen zu haben …

050 Eine Rundreise zu allen Harley-Davidson-Werken in den USA machen

Wer schon immer mal eine interessante Rundreise durch die USA machen wollte, für den bietet diese rund 2400 Meilen lange Tour gleich mehrere Highlights. Start ist am Harley-Davidson-Werk in York, Pennsylvania, von dort geht es über Pittsburgh, Cleveland, Toledo und Chicago nach Menomonee Falls in Wisconsin, quasi einem Vorort von Milwaukee, wo das zweite Werk steht. Weiter geht die Tour über Rockford und Des Moines nach Kansas City, Missouri, wo mit Werk Nummer drei der letzte Eckpunkt erreicht ist. Auf dem Weg zurück nach York liegen dann noch St. Louis, Indianapolis und Columbus auf dem Weg. Alle drei Werke kann man übrigens besichtigen, wobei man sich entweder für die kostenlose Werkstour oder für die „Steel-Toe-Tour", also die „Stahlkappen-Tour", entscheiden kann. Die ist allerdings kostenpflichtig (35 bis 38 Dollar), doch kommt man mit Stahlkappenschuhen und Sicherheitshelm (beides wird gestellt) dafür auch in Werksbereiche, die normalen Besuchern versperrt bleiben.

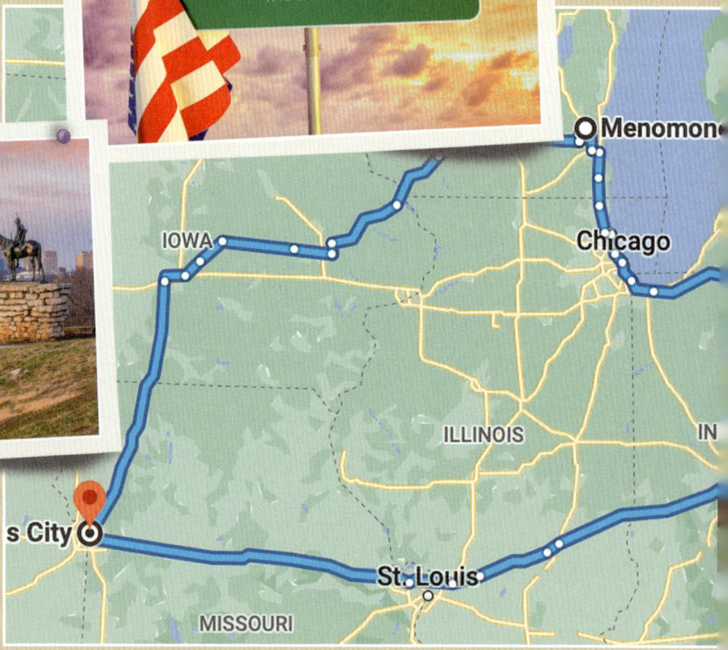

Die Adressen für's Navi:

York, PA 17402, 1425 Eden Road
Kansas City, MO 64153, 11401 N Congress Ave.
Menomonee Falls, WI 53051, W156 N9000 Pilgrim Road

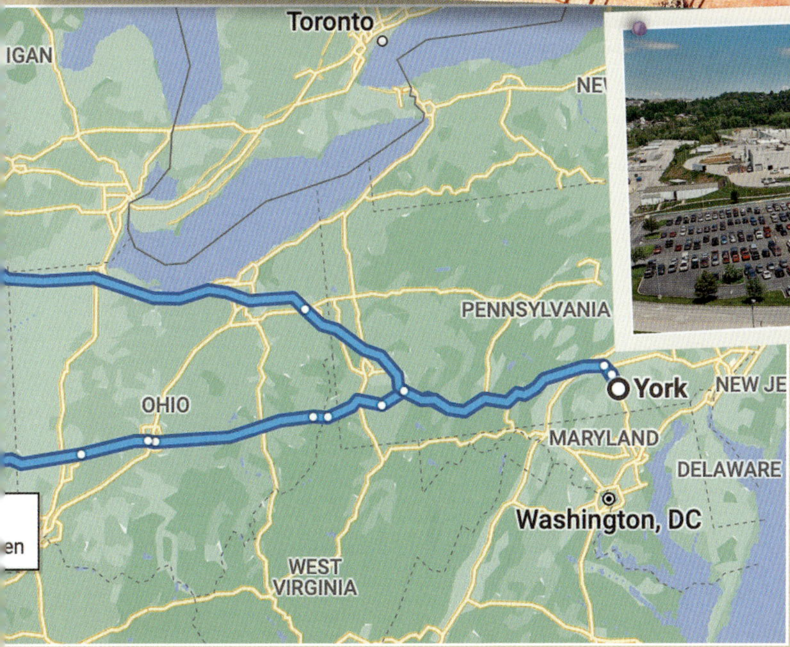

051 Das Wunschkennzeichen „... - HD 1“ ergattern

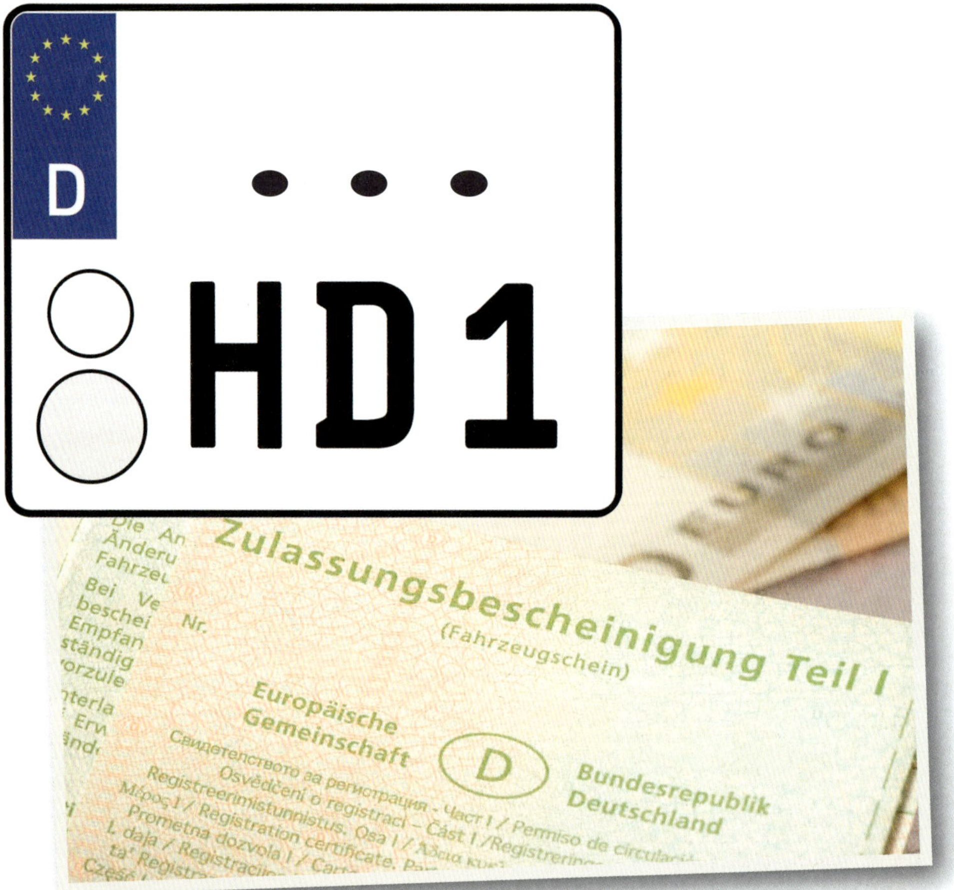

Die Wahrscheinlichkeit, auf einem deutschen Straßenverkehrsamt irgendwo zwischen der Nordsee und den Alpen noch das Kennzeichen „HD 1“ zu ergattern, geht wohl gegen Null. Zwar wird immer wieder auf biologischem Wege vereinzelt ein solches Kennzeichen frei, doch ist davon auszugehen, dass über jeder dieser Zulassungen schon die Geier kreisen. Umso erhebender, sollte es dennoch gelingen, aber um den vorprogrammierten Frust etwas zu lindern, sollte man es mit Plan B versuchen und nach dem Kennzeichen „- HD 1903“ fragen - das ist nämlich zumeist noch frei. Diese Nummer beweist Geschichtsbewusstsein, außerdem huldigt man damit der Marke, nicht sich selbst.

Im Sonnenuntergang dem Knacken der Kühlrippen lauschen

052

Wie könnte man eine intensive Tagesetappe besser beschließen, als neben seiner Harley sitzend in den Sonnenuntergang zu schauen? Der ist dabei nicht einmal zwingend das Highlight, viel schöner noch ist das metallisch-erotische Knacken und Knistern der Kühlrippen, wenn der abgestellte Motor langsam abkühlt.

Das funktioniert theoretisch mit jedem luftgekühlten Triebwerk, doch kann keines an den formidablen Klangkörper eines großzügig verrippten V2 heranreichen. Für alle, die das Ende der Tagesetappe erst nach dem Sonnenuntergang erreichen, gibt es obendrein einen Trost: Das funktioniert auch in der Dunkelheit.

053 Auf seiner Harley im Monument Valley in den Sonnenuntergang reiten

Mehr Klischee geht eigentlich nicht - aber schön ist es trotzdem! Den Sonnenuntergang findet man früher oder später (meist später ...) natürlich überall auf der Welt, aber wo sonst setzt er im Sattel einer Harley mehr Glückshormone frei als in der atemberaubenden Kulisse des Monument Valley?

Wir empfehlen dafür den U.S. Highway 163 von Bluff nach Kayenta, der sich auf dem Colorado-Plateau direkt zwischen den markanten roten Felsriesen hindurchschlängelt. Echte Kenner fahren den Highway in westlicher Richtung, alle anderen haben die untergehende Sonne immerhin im Rückspiegel.

Alternativ eignet sich natürlich auch der Sonnenaufgang für diese Herausforderung, ist aber nur etwas für chronische Frühaufsteher oder Schlaflose ...

Mit der Harley in einen Drive-in-Diner fahren

054

OUR MENU

The Original Burger	$ 7,75
Potato Salad	$ 4,00
Potto Chips	$ 2,25
Homemade Pie	$ 2,25/slice
Poland Spring	$ 72,25
Pepsi/Diet Pepsi	$ 2,25
Snapple	$ 2,25
Foxon Park Soda	$ 2,25

** Prices subject to change*

Es gehört zu einer der wundersamsten Fähigkeiten des menschlichen Körpers, nur aus Burgern und Pommes einfach immer mehr Körper bauen zu können. Wohl kein Volk der Erde beweist das nachdrücklicher als die US-Amerikaner, die das Fastfood zu einer schwer tragenden Säule ihrer Esskultur gemacht haben. Schon im Jahr 1900 wurde im „Louis Lunch" in New Haven, Connecticut, der erste Hamburger serviert (diesen Diner gibt es heute noch, man findet ihn in der 261 Crown Street), und kaum dass die Massenmotorisierung eingesetzt hatte, folgte im Jahr 1921 mit „Kirby's Pig Stand" in Dallas, Texas, auch schon der erste Drive in-Diner. Der unterscheidet sich von den bei uns bekannten „Drive through"-Diners übrigens dadurch, dass die Gäste ihre Mahlzeit nicht mit nach Hause nehmen, sondern vor Ort auf dem Parkplatz verdrücken und dort auch bedient werden. „The Varsity" in Atlanta, Georgia, ist übrigens der weltweit größte Drive-in-Diner der Welt. Dort ist man auf bis zu 800 Gäste eingestellt, auch für eine Ultra Glide sollte sich dort ein Plätzchen finden lassen.

055 Auf einem Harley-Treffen ein Tattoo stechen lassen

Weil echten Harley-Freaks ihre Leidenschaft tief unter die Haut geht, lassen sie sich obendrauf natürlich auch gern das Logo stechen. Oder ein anderes geeignetes Motiv, Hauptsache, es manifestiert unzweifelhaft, dass sie ihr Herz an den Mythos aus Milwaukee verschenkt haben. Wer sich sein Tattoo stilecht perforieren lassen will, der besucht dafür ein einschlägiges Treffen und gibt sich in die kundigen Hände eines vor Ort praktizierenden Tätowierers – authentischer geht es kaum. Ist allerdings nur etwas für extrovertierte Naturen, denn es ist mit Publikum zu rechnen sowie den damit einhergehenden Kommentaren. Gerade das macht es zum Erlebnis.

Per Hand ein 120-Speichen-Chromrad putzen – vorn und hinten

056

Viele Harley-Modelle sind nichts für Menschen mit einer Chrom-Allergie. Oft genug findet das glänzende Schmuckwerk großflächige Anwendung, doch so großartig es im Idealzustand auch strahlen mag, so schnell erblindet es dann allerdings auch – da reicht schon eine Regenfahrt. Ein umfangreicher Fundus an Putzgerätschaften sollte also fester Bestandteil jeder Harley-Garage sein, schließlich erleichtert ein gutes Equipment die Reinigung und Pflege seiner zerklüfteten Schönheit doch erheblich. Doch kann auch kein noch so intelligentes Putz-Tool dem ultimativen Endgegner bei der Beauty-Kur den Schrecken nehmen: das 120-Speichen-Chromrad! Es vorn wie hinten wieder zum Glänzen zu bringen, ist deshalb eine feine Aufgabe für „Hangarounds", die für die feste Aufnahme in den Club als „Member" noch Fleißpunkte sammeln wollen. Mindestens einmal jedoch sollte sich jeder Harley-Besitzer dieser Challenge stellen – wahrscheinlich wird er sich danach Scheibenräder montieren.

057 Auf dem erfolgreichsten Rennmotorrad der Welt eine Runde drehen

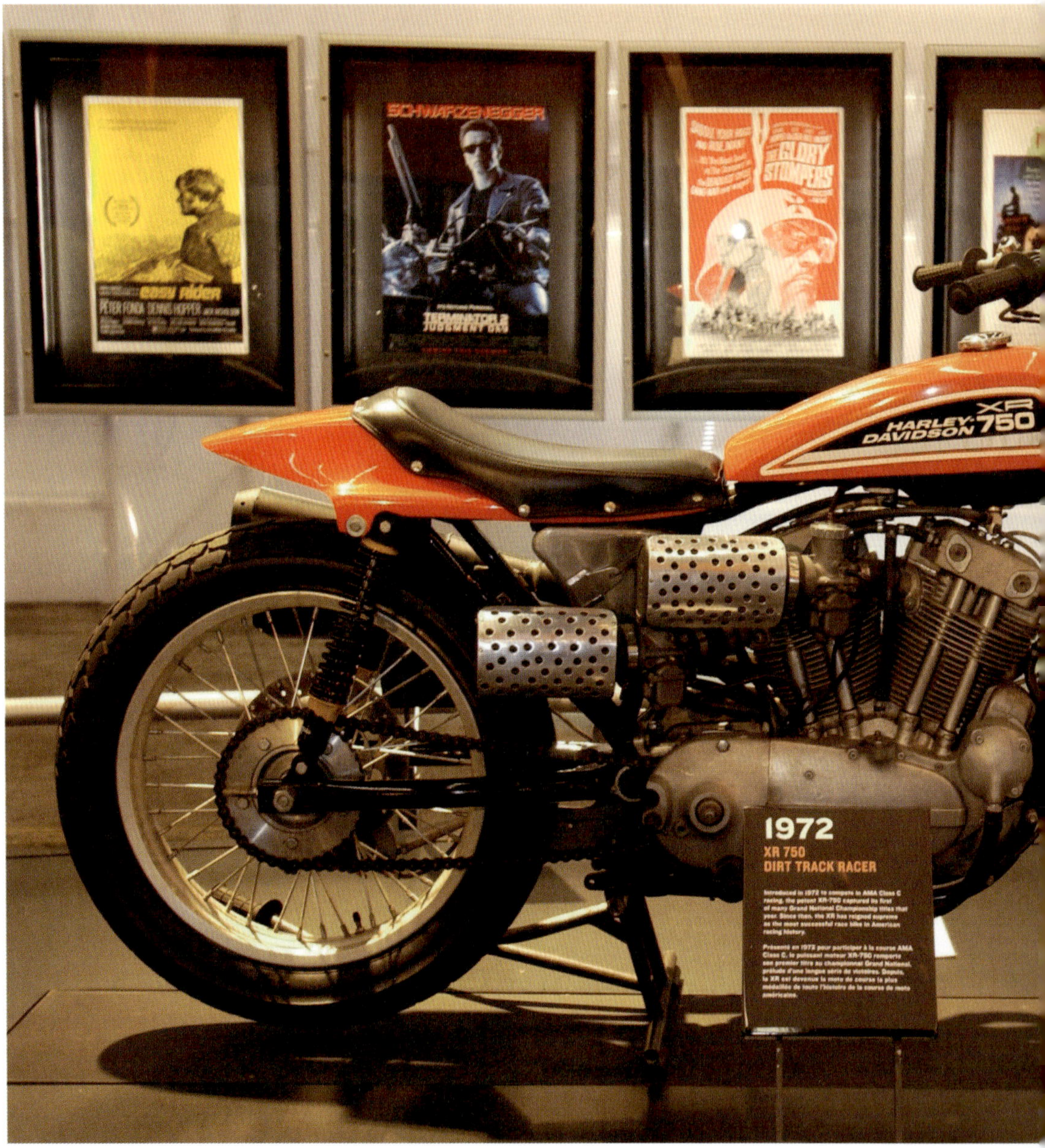

Weil man vor gut 50 Jahren mit den alten KR-Modellen bei den in den USA überaus populären Dirttrack-Rennen gegen die Konkurrenz aus England und Japan kein Land mehr sah, versuchte Harley-Davidson im Jahr 1970 mit dem Production-Racer XR 750 in den dreckigen Ovalen wieder die Nase nach vorn zu kriegen. Gelingen sollte das jedoch erst zwei Jahre später, als Mark Brelsford auf der weiterentwickelten, nun deutlich leichteren und stärkeren XR 750 den AMA Grand National Championship-Titel wieder nach Milwaukee holte. Damit legte er den Grundstein für eine phänomenale Siegesserie, denn von den insgesamt 37 AMA Grand National Championship-Titeln, die zwischen 1972 und 2008 vergeben wurden, holten XR-Piloten sagenhafte 29. Erst im Jahr 2016 stellte Harley mit der XG 750 R eine XR-Nachfolgerin vor, unfassbare viereinhalb Jahrzehnte war die XR 750 also im Einsatz und fuhr in dieser langen Zeit mehr Siege und Titel ein als jede andere Rennmaschine weltweit. Eine Runde mit der XR ist allerdings nur auf einer Rennstrecke möglich, denn eine Straßenzulassung gibt es für den gut 80 PS starken und nur rund 130 Kilo schweren Racer natürlich nicht. Außerdem dürfte es schwierig und zudem extrem kostspielig werden, eine originale XR 750 aufzutreiben, denn die weitaus meisten ließen ihr Leben im harten Renneinsatz. Umso größer das Erlebnis, wenn es dann doch mal gelingt.

058 Mit einer E-Glide einen Wheelie machen

Eines vorweg: Das geht tatsächlich - doch wird es seine Zeit dauern, bis man dieses Kunststück beherrscht. Vor allem braucht es - neben einer feinen Gashand - die nötige Kaltschnäuzigkeit, um das Vorderrad der Achteinhalb-Zentner-Lady in den Himmel zu strecken. Seine Trainingseinheiten sollte man jedenfalls in eine baumfreie Region mit weiten Auslaufzonen verlegen, ein Salzsee käme dem Optimum schon recht nah. Doch auch dort wird man damit leben müssen, dass man schon bald die Ersatzteilpreise vieler Anbauteile auswendig kennt. Echte Könner halten den adipösen Cruiser übrigens eine gefühlte Ewigkeit in der Senkrechten, doch tanzen beim Einsteiger auch schon die Endorphine, wenn er nur mal kurz das Vorderrad lupft.

Eine prallvolles Harley-Sparschwein schlachten

059

Das Schwein hat in der Harley-Geschichte schon immer eine Rolle gespielt, sei es als Maskottchen der „Wrecking Crew“ in der Pionierzeit oder als „Wappentier“ der Harley Owners Group (HOG) in heutiger Zeit. Ein Sparschwein mit Harley-Branding ist also durchaus authentisch, und ruft man sich die Ersatzteilpreise der Marke in Erinnerung, dann ist es auch sinnvoll, ab und zu etwas hineinzuschmeißen. Wenn es beim Einwurf dann häufiger raschelt als klimpert, sind beim Schlachtfest auch größere Teile drin.

Als Geschenktipp: siehe hier https://www.hd-oldenburg.de/da/product/harley-davidson-1990er-tank-graphic-hog-bank-orange-sparschwein/

060 Im „The Enthusiast" einen Leserbrief unterbringen

Das Harley-Magazin „The Enthusiast" ist eines der ältesten Motorradmagazine der Welt und wurde von 1916 bis 2008 unter wechselnden Titeln vom Werk selbst herausgegeben. Für lange Zeit war es die ultimative Lektüre für Harley-Rider weltweit und rangierte bei vielen weit vor der Bibel, weshalb es einem Ritterschlag gleichkommt, dort mit einem Leserbrief veröffentlicht zu werden. Möglich ist das auch heute wieder, denn vor kurzem hat sich Harley-Davidson dazu entschlossen, das legendäre Magazin wieder aufzulegen.

Eine Harley-Davidson-Filmnacht erleben

061

Wer das Gefühl hat, seine emotionalen Akkus wieder mal aufladen zu müssen, kann dies in nur einer Filmnacht spielend leicht erledigen. Dazu braucht man knapp sechs Stunden Zeit und nur zwei Filme, wobei einer der beiden allerdings aus gleich drei Teilen besteht. Will man das Ganze chronologisch angehen, sollte man mit dem Film „Harley and the Davidsons" beginnen, einem epischen Bio-Pic, das in drei Teilen á 80 Minuten die gesamte Gründungsgeschichte von Harley-Davidson aufarbeitet. Sollten die Akkus dann noch nicht wieder voll sein, schiebt man hintendran noch „Easy Rider" in den Player (auch wenn man ihn schon 20 Mal gesehen hat) und gibt sich damit den Rest. Das sollte dann erst mal wieder für ein Jahr reichen ...

062

In Sibirien eine Harley WLA aufspüren

Im Jahr 1942 begann Harley-Davidson mit der Produktion des Modells WLA Typ 45 Solo, die ausschließlich für den Einsatz bei den Streitkräften konstruiert worden war. Die WLA basierte auf dem zivilen WL-Modell, der V2-Flathead-Motor hatte einen Hubraum von 45 Kubikzoll (740 ccm), leistete rund 25 PS und beschleunigte die rund fünf Zentner schwere Maschine auf über 100 km/h. Mehr als 90.000 WLA wurden insgesamt produziert, dazu noch Ersatzteile für 30.000 weitere Exemplare, doch fanden die Harleys mit dem Beinamen „Liberator" nicht nur Verwendung in der U.S.-Army. Auch viele Verbündete nutzten den Truppenhelfer aus Milwaukee, und so lieferte Harley-Davidson auch Kontingente an Kanada, England oder Südafrika, die weitaus meisten Exemplare gingen jedoch in die Sowjetunion! Mehr als 30.000 Harleys traten damals ihren Dienst in der Roten Armee an, und weil die WLA nur einen Sitzplatz hatte und auch kein Beiwagen vorgesehen war (deshalb die Typenbezeichnung „Solo"), wurde sie überwiegend als Kurier-Fahrzeug und nicht an der Front eingesetzt, weshalb überdurchschnittlich viele Modelle den Zweiten Weltkrieg tatsächlich überlebten. Der anschließende Kalte Krieg führte wiederum dazu, dass die russischen WLA sowohl von der Teileversorgung als auch von Exportwegen abgeschnitten waren, und so blieben bis heute viele dieser Maschinen in Russland erhalten, wenn auch meist defekt oder verbastelt. Die Chance, eine WLA im originalen Kriegszustand aufzuspüren, ist in Sibirien jedenfalls deutlich größer als etwa in den USA, wo die Armee-Harleys nach dem Krieg zumeist für die zivile Nutzung umgebaut oder als ideale Basis für einen Chopper verwendet wurden. Also einfach mal zwischen Omsk und Jakutsk auf Spurensuche gehen ...

063 Seine Geldbörse an die Kette legen

Auch wenn die Ursprünge dieser Marotte schwer zu ergründen sind: Echte Harley-Fahrer legen ihre Brieftasche gern an die Kette. Geldbörsen mit dem Bar & Shield-Logo und langer Silberkette gibt es deshalb in allen Größen, Formen und Farben, und so hat sich das Accessoire einen festen Platz am Hintern vieler Harley-Owner ergattert. Das typische „Harley-Wallet“ ist jedenfalls ein geeignetes Utensil, um seine Stammeszugehörigkeit zu dokumentieren – und um ständig damit irgendwo einzufädeln.

064

„Captain America" und/oder das „Billy Bike" finden

Die beiden gechoppten Harleys aus dem Film „Easy Rider" sind die wohl berühmtesten Motorräder der Welt. Nur weiß leider niemand, wo die vier Maschinen geblieben sind. Vier waren es, weil von jedem Bike zwei identische Exemplare gebaut wurden - eins für die normalen Dreharbeiten, eins für die Stuntszenen. Drei der vier Motorräder wurden nach Fertigstellung des Films gestohlen und tauchten nie wieder auf. Man vermutet, dass sie zerlegt und in Teilen verkauft wurden, belegt ist das jedoch nicht. Das vierte Motorrad - die Stunt-Version von „Captain America", die in der finalen Szene des Films geschrottet wurde - übernahm der Schauspieler Dan Haggerty, der auch bei uns als zotteliger Grizzly-Versteher in der TV-Serie „Der Mann in den Bergen" berühmt wurde. Er baute das Motorrad wieder auf und veräußerte es später mitsamt Echtheitszertifikat. Dieses Exemplar wurde im Jahr 2014 für 1,35 Mio. Dollar versteigert und so zum teuersten Motorrad der Welt. Doch tauchte plötzlich ein weiterer Besitzer der Film-Harley auf, auch er konnte ein Zertifikat von Dan Haggerty vorweisen, der damit in gewisse Erklärungsnöte geriet. Der Käufer der versteigerten Harley trat daraufhin vom Kauf zurück, und weil sich auch Peter Fonda außerstande sah, den echten „Captain America" zu identifizieren - Panheads dieser Baujahre hatten keine Rahmennummer -, blieb die Frage ungeklärt. Wie auch die Frage, was mit den drei gestohlenen Motorrädern tatsächlich passiert ist, bis heute gibt es keine befriedigende Antwort darauf. Vielleicht stehen sie ja immer noch irgendwo in einem vergessenen Schuppen und warten darauf, entdeckt zu werden.

065 Mit dem Stars & Stripes-Banner an den Antennen auf Tour gehen

Okay, Chopperfreunde sind hier vielleicht außen vor, aber wer ein Touring-Modell aus Harleys Flagship-Abteilung chauffiert, macht sich schon mal gern die eine oder andere Trucker-Marotte zu eigen. Dazu gehört - nicht nur in den USA - unter anderem der Betrieb eines CB-Funkgeräts, zumal sich für die langen Antennen rechts und links neben dem turmhohen Topcase ein feines Plätzchen bietet. An diesen stylischen Fühlern dann auch noch die amerikanische Flagge zu hissen, rundet das Klischee vollends ab. Mit dem Outfit kriegt man im „Land of the Free" jedenfalls von jedem zweiten Trucker einen Fanfaren-Stoß.

Mit seiner Harley in der Wildnis übernachten

066

Der „Lonesome Rider" ist das wohl meistbemühte Synonym für den freiheitsliebenden Motorradfahrer, und es ist davon auszugehen, dass die einsame Phantasiefigur in der Vorstellung vieler auf einer Harley sitzt. Warum dann nicht einmal dieses Klischee bedienen und allein mit seiner Harley und einem Zelt losziehen, um sich dann völlig losgelöst von Zeit, Raum und Duschmarken durch den Tag treiben zu lassen? Man hält an, wo man will, schlägt sein Zelt auf und ist dann mit seiner Harley und der Natur allein. Es gibt keine Pläne und keine Termine, keine Regeln und keine Öffnungszeiten, und wenn mal jemand über die Spannseile stolpert, dann ist das ein Wildschwein und nicht der desorientierte Zeltnachbar. Tatsächlich gibt es auch in Europa noch Länder, in denen es problemlos möglich ist, wild zu Campen, z. B. Norwegen, Schweden oder Schottland. Und wer so wirklich lonesome sein will, der lässt auch noch sein Smartphone zuhause.

067 Die eigene Harley als Modell zusammenbauen

So sehr sich Harley-Fahrer auch von der Masse der Motorradfahrer unterscheiden mögen, in einem Punkt ergeht es ihnen zumindest in unseren Breitengraden doch wie allen anderen auch: Im Winter können sie ihre Leidenschaft nicht auf der Straße ausleben. Versierte Schraubernaturen nutzen diese Zeit in der Werkstatt, um ihrem Herzblatt nah zu sein, wer allerdings keinen öligen Daumen und auch keine Werkstatt hat, kann sich mit einem detailgetreuen Modell über die dunkle Zeit trösten. Der Maßstab 1:6 bietet dafür eine standesgemäße Größe, und wer die Arbeit an seiner Miniatur dann ebenso gründlich wie sorgfältig erledigt, wird am Ende nicht nur einen Gutteil des Winters bereits hinter sich haben, sondern außerdem eine ganz neue Art von Besitzerstolz empfinden - wenn auch nur im Kleinen.

Einmal mit dem „Silent Grey Fellow“ touren

Das Model 7D war im Jahr 1911 zwar schon der zweite Harley-Davidson Zweizylinder, aber der Erste, der auch funktionierte – was man vom Vorgänger Model 5D nicht behaupten konnte. Der 811 ccm große 45-Grad-V-Motor hatte eine Bosch-Zündung und einen Schebler-Vergaser, war rund 6,5 PS stark und beschleunigte das Motorrad über einen Riemenantrieb auf bis zu 60 mph. Besonders am nur in „Renault-Grau“ ausgelieferten Model 7D war auch der ruhige Motorlauf sowie der verbaute Schalldämpfer, weshalb Harley-Davidson der 7D außerdem den Namen „Silent Grey Fellow“ („Stiller grauer Gefährte“) mit auf den Weg gab. Wer einmal erleben möchte, wie sich Harleys erster echter V-Twin auf der Straße anfühlt, sollte allerdings über ein entsprechendes Budget verfügen. 1911 kostete das Model 7D rund 300 Dollar, heute erzielen gut erhaltene Exemplare auf Auktionen sechsstellige Summen.

069 Sein eigenes Harley-Memo-Spiel gestalten

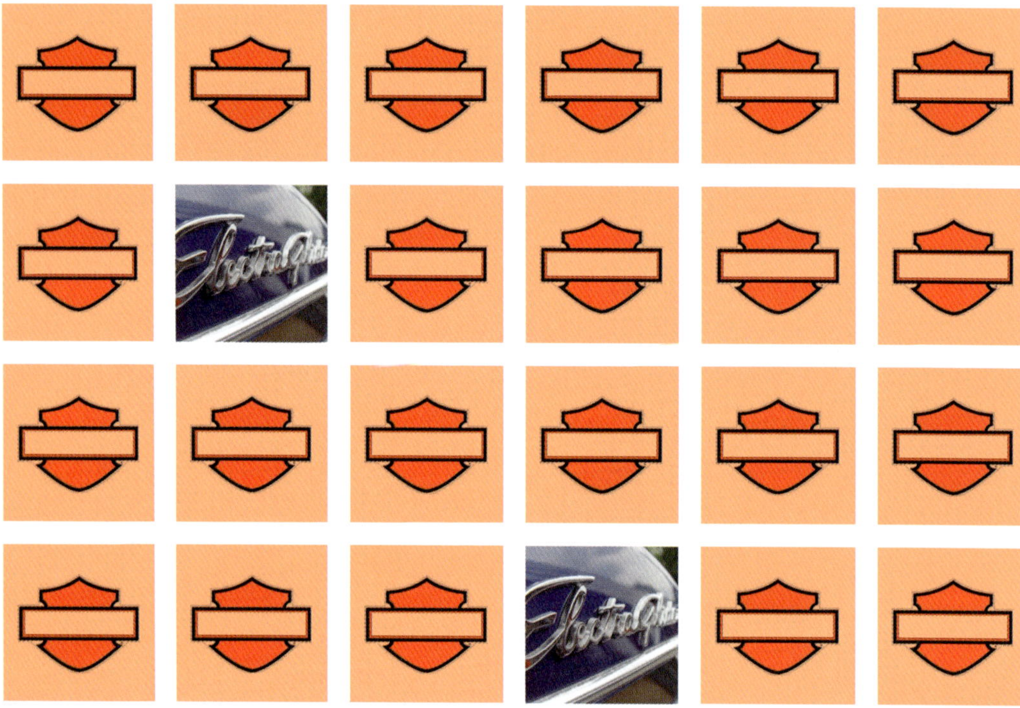

Eine feine Abwechslung zum Modellbau ist in der Winterzeit natürlich der klassische Spieleabend. Auch dabei können Harley-Fahrer ihrer Passion zumindest visuell nachgehen, etwa mit einem selbstgestalteten Memo-Spiel – natürlich ausschließlich mit Harley-Motiven. Und das ist ganz leicht: Dafür macht man mit dem Smartphone 36 Fotos an seiner eigenen Harley, wobei man ganz schnell auf diese Anzahl kommt, wenn man ganz nah ran geht. Vor allem die kleinen Details (z. B. Zündschloss, Benzinhahn, Hupenknopf, Logos, Blinker, Aufkleber, etc.) sind als Motive für ein Memo-Spiel bestens geeignet, da reicht eine Foto-Runde ums Motorrad, um genügend viele beisammenzuhaben. Das Memo-Spiel kann man sich dann von einem Online-Service produzieren lassen, oder man macht sich mit Kopierer, Karton, Cutter und Kleber selbst darüber her. Interessanter Nebeneffekt: Man entdeckt Stellen an seinem Motorrad, denen man zuvor keinerlei Beachtung geschenkt hatte.

Seine Harley aus 2000 Puzzle-Teilen zusammenbauen

070

Um an ein 2000-Teile-Puzzle seiner eigenen Harley zu kommen, braucht man nicht mehr als ein schönes Foto von seinem Prachtstück. Eine hohe Auflösung sollte das Bild allerdings haben, denn das fertige Werk hat am Ende in der Regel das Format 90 x 67 cm. Einschlägige Produzenten finden sich im Internet, bei der Bildauswahl sollte man jedoch darauf achten, dass das Motorrad nicht klein im Hintergrund unter einem formatfüllend wolkenlos-blauen Himmel steht – obwohl dieses Motiv zweifelsohne den Puzzle-Spaß anspruchsvoller gestalten würde. Fraglich ist nur, ob es dann noch ein Spaß ist …

071

Auf dem höchsten Campingplatz Europas neben seiner Harley schlafen

Ein ausgedehnter Ritt auf dem Rücken ihrer Harley ist für viele der Gipfel des Genusses, warum dann nicht auch dort oben übernachten? Ein perfekter Platz dafür findet sich in der Schweiz, wo man auf dem „Camping Arolla" im Val d'Hérens im Wallis in 1950 Metern Höhe von der nächsten Tagesetappe träumen kann. Dafür muss man zum höchstgelegenen Campingplatz Europas nicht einmal sein eigenes Zelt mitbringen, sondern kann sich stattdessen in einem der Cocooning-Zelte mit richtigen Doppelbetten und Holzofen einmieten. Mehr Sterne können sich im Chrom der Harley kaum spiegeln.

072

Die „European Bike Week“ am Faaker See besuchen

Wenn man nach einem Mekka für Harley-Fahrer auf unserem Kontinent sucht, stößt man ganz schnell auf die „European Bike Week“ am Faaker See in Kärnten, Österreich. Was dort im Jahr 1998 als Harley-Jubiläumsveranstaltung begann, hat sich seitdem zu einer der größten Veranstaltungen für Harley-Fahrer weltweit mit zehntausenden Teilnehmern entwickelt, in der Spitze fanden 2014 rund 130.000 Besucher den Weg in die schönen Berge. Die inzwischen auf zehn Tage gestreckte Veranstaltung punktet neben der verlockenden Umgebung mit einem bunten Programm, jeder Menge Live-Action und einer schier endlosen Parade mit bis zu 25.000 Teilnehmern. Das eigentliche Highlight jedoch sind die Besucher selbst, die aus aller Herren Länder in die Bergwelt einfallen und die Seeufer zu einer schrillen Party-Zone machen. Alle Infos dazu unter:
www.europeanbikeweek.com

073 Mit seiner Harley ein Hard-Rock-Festival besuchen

Der Besuch eines Hard-Rock-Festivals sollte zumindest einmal in der Freizeitplanung eines Harley-Treibers auftauchen. Bei den einschlägigen Events versammelt sich in der Regel der Teil der Harley-Familie, der es gern laut und ursprünglich mag und sich damit deutlich näher an den Ursprüngen des Kults wähnt, doch ist das sicher Ansichtssache – wie vieles andere auch. Gelegenheiten dafür bieten sich in der Open-Air-Konzert-Saison zuhauf, einfach mal die Tourpläne seiner Lieblingsbands studieren.

Einen originalen Harley Boardtrack-Racer in einer Scheune finden

074

Dieser Punkt auf der Liste ist etwa in Augenhöhe mit einem Sechser im Lotto. Denn ähnliche Glücksgefühle dürfte der Zufallsfund eines originalen Harley-Boardtrack-Racers auslösen, zumindest bei dem, der auch erkennt, auf was er da gestoßen ist. Als der Motorradsport in den USA vor weit mehr als hundert Jahren laufen lernte, machte er die ersten tödlichen Schritte auf den sogenannten Boardtracks, die in den zwanziger Jahren im ganzen Land errichtet wurden. Die gigantischen Holzovale waren aus Millionen von Latten zusammengezimmert, boten Platz für bis zu 80.000 Zuschauer und erlaubten dank ihrer bisweilen mehr als 60 Grad steilen Kurven bis zu 100 Meilen lange Vollgas-Rennen. Die Motorräder für die Boardtracks waren extrem leichte Spezialanfertigungen mit spindeldürren Rahmen, in denen zumeist große V2-Motoren hingen, die zudem von Jahr zu Jahr immer stärker wurden. Die Werksrenner von Harley machten auf den Boardtracks eine besonders gute Figur und fuhren Siege und Meisterschaften am Fließband ein, das nahezu unschlagbare Werksteam trug nicht umsonst den Spitznamen „Wrecking Crew" (Abbruchkolonne). Wirklich viele der Werksrenner wurden nicht gebaut, nicht wenige davon ließen außerdem - wie auch viele Fahrer - auf den Brettern ihr Leben. Die Wahrscheinlichkeit, auf irgendeiner abgelegenen Farm im Mittleren Westen auf einen echten Boardtrack-Racer zu stoßen, ist also in etwa so hoch wie die einer Frostnacht im Death Valley.

075 Professionelles Action-Fotoshooting mit seiner Harley machen

Sie schauen sich gern Fotos von Ihrer Harley an und mögen ganz besonders die Motive, auf denen auch Sie selbst mit im Bild sind? Dann geben Sie sich nicht länger mit Schnappschüssen zufrieden. Lassen Sie sich und Ihre Maschine mal von einem professionellen Fotografen ablichten, und Sie werden schnell den Unterschied zwischen Knipsen und Fotografieren erkennen. Und womöglich staunen, welches Equipment hinter wirklich guten Fotos steckt. Aber der Aufwand lohnt sich - selbst die Enkel werden sich noch freuen.

Sich eine „Man Cave" bauen

076

Manche nennen es ihr „Herrenzimmer", andere einfach „mein Reich" oder schlicht ihren „Schrauber-Salon". Sie alle meinen jedoch dasselbe, nämlich die heilige Höhle, in der sie als Mann ungestört ihrer Leidenschaft nachhängen können und die sie deshalb auch genau so gestalten, wie es allein ihnen gefällt. Manche haben's gern schlicht, verölt und mit Patina, andere planen sogar Musik und Licht mit ein, wer den Platz hat, baut sich vielleicht seine eigene Harley-Bar. Doch wie groß oder klein man auch denkt: Immer sollte die „Man Cave" Ausdruck der eigenen Individualität sein. Je besser einem das allerdings gelingt, desto größer ist die Gefahr, dass man nur noch selten aus seiner Höhle kommt …

077 Eine Harley aus Neuteilen aufbauen

Dieser Punkt auf der Bucket List hat in gewisser Weise Ähnlichkeit mit dem Punkt Nr. 70, denn auch hier geht es darum, seine Harley aus tausenden von Teilen selbst zusammenzusetzen - allerdings nicht mit Puzzleteilen. Hier ist vielmehr von Original-Ersatzteilen die Rede, und so steht in diesem Fall am Ende nicht nur ein schönes Fotomotiv, sondern ein fahrfertiges Motorrad. Zwar kann man all diese Teile auch bereits fertig montiert kaufen, wird dann allerdings kaum eine so tiefe und innige Beziehung zu seinem Bike aufbauen.

Den Benzinverbrauch seiner Harley unter vier Litern halten

078

Glaubt man einschlägigen Verbrauchsportalen im Netz, stellt es kein größeres Problem dar, den Benzinverbrauch seiner Harley unter fünf Litern zu halten – fast egal, um welches Modell es sich handelt. Entscheidend ist letztlich sowieso immer die Hand am Gasgriff, und weil Harley-Fahrer in der großen Mehrzahl ohnehin lieber reisen als rasen, ist es eine besondere Challenge, den Verbrauch unter die Vier-Liter-Marke zu drücken. Man wird staunen, wie leicht auch das geht. Und dass man dafür auf eigentlich nichts verzichten muss.

079 Mit seiner Harley die „Route Industriekultur“ fahren

Harley-Liebhabern wird ja auch ein Faible für Schwermetall nachgesagt, und wer da jetzt innerlich nickt, der sollte mit seiner Harley unbedingt einmal die „Route Industriekultur“ im Ruhrgebiet unter die Räder nehmen. Wo einst Kohle und Stahl regierten und das ganze Revier auch des Nachts zum Glühen brachten, haben erstaunlich viele der alten Industrietitanen überlebt und wurden heute in ein gigantisches Freilichtmuseum verwandelt, dass sich über den gesamten Ruhrpott erstreckt. Ob riesiges Stahlwerk, Gasometer oder alte Zeche, ob Turbinenhalle oder Schleusenpark, immer kommt man ganz nah an die imposanten Zeugen der Schwerindustrie heran, die nicht selten am Abend auch noch illuminiert werden. Eines ist mal sicher: In diese monumentalen Kulissen passt kein zweites Motorrad so perfekt wie eine Harley. Wer es zur Abwechslung leise und beschaulich mag, kann – zumindest temporär – auf das Harley-E-Bike umsatteln.

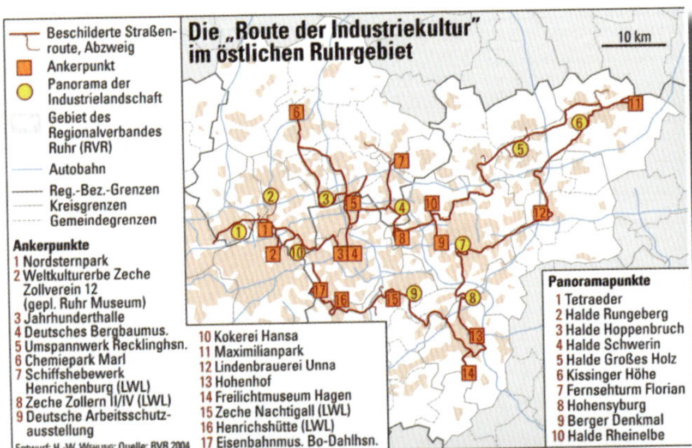

16 Bundesländer in 16 Tagen – ohne Autobahn

080

Man lernt sein Motorrad ja am besten auf ausgedehnten Touren kennen. Da bieten sich natürlich endlose Ritte über alle Grenzen hinaus an, doch ist es auch ein ganz besonderes Erlebnis, mal abseits der Autobahnen sein eigenes Land zu erkunden und jedem der 16 Bundesländer einen ganzen Tag zu widmen. Vier- bis fünftausend Kilometer kommen da locker zusammen, danach wird man nicht nur seine Harley in- und auswendig kennengelernt haben, sondern sich womöglich noch lange darüber wundern, warum man so manch traumschöne Landschaft erst jetzt entdeckt hat.

081 Eine Fat Boy aus Lego® nachbauen

33 Zentimeter lang und 20 Zentimeter hoch - so die Endmaße einer sehr speziellen Herausforderung für Harley-Konstrukteure, die dem Erbauer allerdings eine gewisse Fingerfertigkeit abverlangen. Grobmotoriker werden jämmerlich daran scheitern, die insgesamt 1023 bisweilen recht filigranen Einzelteile zu einem funktionierenden Ganzen zusammenzusetzen, das wird auch durch die detaillierte Bauanleitung nicht besser. An der Entwicklung des Bausatzes hat Harley-Davidson übrigens mitgearbeitet und dabei nicht nur optisch auf Realitätsnähe gesetzt, denn wenn das Hinterrad gedreht wird, fahren im V2 die beiden Kolben auf und ab. Auch Schalthebel und Bremspedal lassen sich bewegen, selbst den Seitenständer kann man einklappen. Ganz wie bei den Großen. Kleiner Tipp zum Schluss: Zollwerkzeug hilft kein Stück weiter ...

Und für alle, die darin keine echte Herausforderung sehen oder vielleicht auch gar keine Fat Boy im Fuhrpark haben, denen sei es unbenommen, ein 1:1-Modell aus den kultigen Klemmbausteinen zu realisieren. Natürlich gibt es noch andere Anbieter von Noppensteinen, sodass das Kunstwerk nicht gleich mehr kostet als das Original aus Milwaukee.

082 Auf dem schönsten Campingplatz Europas übernachten

Nicht wirklich viele Harley-Fahrer planen bei ihren Übernachtungen auch Campingplätze mit ein, die meisten zieht es dann doch eher ins Hotel. Dabei kann man allerdings viel verpassen, etwa den „Camping Grubhof St. Martin“: Eingebettet in die prächtige Bergwelt der Berchtesgadener Alpen und Loferer Steinberge in St. Martin im Salzburger Land (Österreich) wurde diese Location bereits mehrfach als schönster Campingplatz Europas ausgezeichnet. Muss also was dran sein …

Ein Harley-Davidson Ratbike kreieren

083

In der Customizing-Szene loten wohl die Ratbikes die Skala der Ästhetik nach unten aus – und zwar nach ganz unten. Das meinen zumindest die, denen die womöglich versteckte Schönheit der Kreationen entgeht. Die erschließt sich allerdings wahrscheinlich ohnehin nur demjenigen, der dafür verantwortlich ist. Harley-Fahrer müssen jedenfalls über einen sehr großen Schatten springen, um das eigene Bike einer solchen Brutal-Kur zu unterziehen, wobei die benötigten Utensilien recht überschaubar sind. Eigentlich reicht schon ein Eimer Mennige und ein grober Borstenpinsel, um seine Harley in einen visuellen Krisenherd zu verwandeln. Eine besondere Spielart der Ratbikes sind die so genannten „Decorated Bikes", an die man einfach alles dranhängt, was einem in der Garage sonst im Weg steht. Auch alte Küchenutensilien blühen an einem Ratbike förmlich wieder auf – und garantieren lange Diskussionen beim Besuch des nächsten Treffs.

084 Mit einer „Night Rod“ im Sternenpark übernachten

Eine standesgemäße Night Rod ist schwarz wie die Nacht, und will man sie mit ihrer Umgebung Eins werden lassen, dann geht das auf dem „Campinglatz Havelland“ ganz ausgezeichnet. Der nämlich liegt im ersten Sternenpark Deutschlands und ist außerdem der dunkelste Campingplatz des Landes. Näher kann man einem schwarzen Loch mit seiner Harley nicht kommen.

Mit einer Harley am Pikes Peak unter 10 Minuten bleiben

085

Das „Race to the Clouds" am Pikes Peak in den Rocky Mountains ist eines der ältesten Bergrennen der USA für Autos und Motorräder und wurde bereits 1916 erstmals organisiert. Der Start befindet sich auf 2862 Metern, von dort geht es im Kampf gegen die Uhr über exakt 19,99 Kilometer durch 156 Kurven hinauf zum Gipfel in 4301 Metern Höhe. Im Jahr 2012 gelang es erstmals am Pikes Peak, mit einem Motorrad die 10-Minuten-Marke zu unterbieten, die aktuelle Bestzeit wurde 2017 auf 9:49.625 min geschraubt. Diese Zeit kann man zumindest offiziell nicht mehr unterbieten, denn seit einem tödlichen Unfall im Jahr 2019 sind die Motorräder ausgeschlossen. Aber für die eigene Genugtuung muss die Zeit ja nicht zwingend offiziell sein. Kleiner Tipp: Mit einer LiveWire könnte es womöglich hinhauen ...

086 Eine Harley mit Hänger fahren

Den Vergleich mit den Truckern hatten wir ja bereits bei einem anderen Punkt auf dieser Bucket List, doch auch hier ist die Nähe zu den XXL-Road-Captains nicht von der Hand zu weisen. US-Highways sind sicherlich der ideale Playground für derlei Transportvorhaben, doch auch auf deutschen Mittelgebirgsstrecken kann man damit Umzüge durchführen. Man sollte nur nie vergessen, dass hinten noch etwas dranhängt.
Das Bild zeigt übrigens die Konstruktion von Andreas Schmidt, seines Zeichens Fahrlehrer, Werkzeugmacher-Meister und Chef der Firma Moppedhänger.

Der Westerwälder benötigte rund zwei Jahre „TÜV-telei", bis sein Anhänger einsatzbereit war. Der zusätzliche Stauraum wird am Heck per Schwalbenschwanzaufnahme und Kreuzgelenk befestigt und mittels einer Verschraubung gesichert.

Einen uralten Harley-Friedhof finden

087

Unterwegs auf einer Landstraße im einsamen Nirgendwo des Mittleren Westen drückt plötzlich die Blase. Da bietet sich direkt ein kleiner Abzweig als Rettung, und kaum das man erleichtert am Gebüsch steht, sieht man durchs dichte Geäst hindurch auf dem Feld dahinter etwas in der Sonne funkeln. Das sieht glatt aus wie ein ... das ist doch nicht etwa ... ist es doch! Der stark mitgenommene Fender gehört eindeutig zu einer Harley, und dahinten ... was ist das denn?! Ein Servicar ... und daneben gleich noch eins! Und die vielen krummen Äste, die rundherum überall aus dem hohen Gras ragen - das sind gar keine Äste, sondern Lenker! Uralte Lenker - Heiliger!
Tja, meist ist es leider so, dass man spätestens an diesem Punkt wieder aus dem Schlaf hochschreckt ...

088 Auf den Spuren von „Bronson" wandeln

Ein Mann, eine Harley-Davidson und jede Menge Zeit und Horizont - diese vier schlichten inhaltlichen Eckpfeiler reichten dem US-Sender NBC Ende der 1960er Jahre vollkommen aus, um sich daraus eine folgenreiche TV-Serie mit dem Titel „Than came Bronson" stricken zu lassen. Hauptdarsteller Michael Parks spielt darin den Journalisten Jim Bronson, der kurz nach dem Selbstmord seines besten Freundes desillusioniert auf seine 1000er Sportster steigt, um dann 26 Folgen lang auf der Suche nach dem Sinn des Lebens mit seiner Harley kreuz und quer durch die USA zu vagabundieren. In vielerlei Hinsicht hat die Serie Ähnlichkeiten mit dem etwas später gedrehten Film „Easy Rider", zumindest sind gewisse Parallelen schwer von der Hand zu weisen. Tatsächlich gibt es zwischen beiden Filmprojekten auch eine Verbindung, denn Stuntkoordinator und Fahrer in allen Stuntszenen der TV-Serie ist der hochdekorierte Motorrad-Wüstenchampion Bud Ekins, der außerdem zu der Zeit der größte Triumph-Händler der USA ist. Sein Motorcycle-Store liegt nur ein paar Fahrminuten von Hollywood entfernt, und so gehörten damals schon zahlreiche junge Schauspieler zu seiner Stammkundschaft, etwa Warren Beatty, Paul Newman oder Steve McQueen. Doch auch Dennis Hopper, der spätere Regisseur und Hauptdarsteller von Easy Rider, hing zu der Zeit bevorzugt in Bud's Werkstatt ab, und wahrscheinlich haben sich die beiden nicht nur über Motorräder unterhalten. Etliche Folgen der Serie findet man übrigens in voller Länge auf YouTube.

Sich vom Sound seiner Harley wecken lassen

089

Potato - Potato - Potato ... - der tranquile Sound des Big Twin bei Drehzahlen irgendwo zwischen 500 und 600 Umdrehungen ist für viele Harley-Freunde ganz sicher ein Sound, von dem sie sich gern sanft aus dem Schlaf holen lassen. Passionierte Tiefschläfer jedoch reagieren vielleicht eher auf die epische Klangkulisse einer sich öffnenden Auspuffklappe und brauchen hohe Drehzahlen, um den Weg zurück aus dem Traumland zu finden. Aber so oder so ist es immer wieder ein Hochgefühl, wenn der Herzschlag der Liebsten der erste Ton des Tages ist - gern Dolby Surround ...

090

Selbst eine Harley aus den USA importieren

Ob neu, gebraucht oder sehr gebraucht - natürlich finden ohnehin schon mehr als genug Harleys den Weg über den großen Teich zu uns, um wohl jeden Käuferwunsch zu erfüllen. Aber es ist nun mal etwas ganz anderes, sich im Land der unbegrenzten Kleinanzeigen (z. B. „craigslist", „kijiji") selbst auf die Suche nach seinem Herzblatt zu machen, um es zu dann in seine Garage zu holen. Ideal ist es natürlich, wenn man drüben einen guten Kumpel hat, der sich vor Ort nach dem Wunschbike umschaut. Aber auf welchem Weg man seine Harley in ihrem Mutterland auch findet, das Hochgefühl, sie in Rotterdam oder Hamburg dann aus dem Container rollen zu sehen, ist kaum zu toppen.

Meine Harley
Nicht vergessen! Immer freundlich sein zu Zöllnern!!!!!

091 Zu einem Late-Shovel-Rahmen zufällig den passenden Motor finden

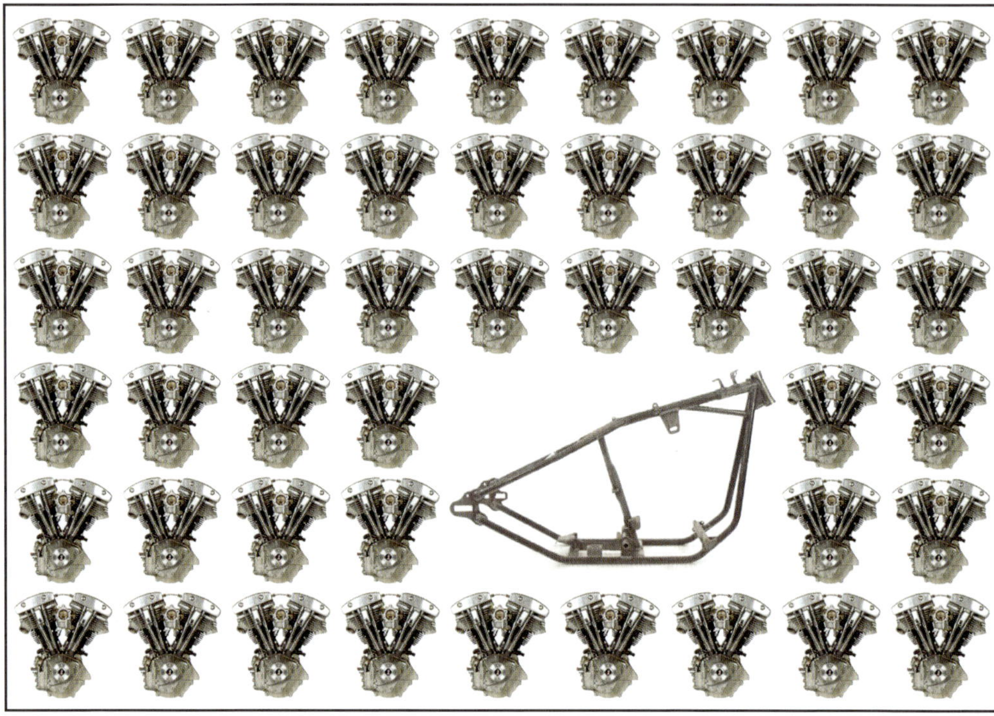

In der Motorrad-Oldtimerszene ist es ein hoch gehandeltes Gut, wenn Rahmen und Motor eines Klassikers schon gemeinsam das Werk verlassen haben. Dokumentieren lässt sich das in der Regel durch die einschlägigen Nummern auf beiden Bauteilen. Sind die identisch (Matching Numbers), gilt der originale Auslieferungszustand damit als belegt - bei Harleys geht das allerdings erst ab dem Baujahr 1970. Davor gab man in Milwaukee den Rahmen keine Nummern, nur der Motor hatte eine.

An den Late-Shovel-Modellen waren ab 1970 also Rahmen und Motor bereits identisch gebrandet, das sollte sich auch bis zum Ende der Baureihe im Jahr 1984 nicht mehr ändern. Bei mehreren zehntausend produzierten Modellen pro Jahr kamen so also etliche hunderttausend Motoren in Umlauf, doch trägt nur ein einziges dieser Triebwerke die passende Nummer zu dem Rahmen, den man sich vom letzten Besuch auf dem Teilemarkt mit nach Hause gebracht hat. Beim Kauf eines passenden Motors dann zufällig genau diesen V2 zu finden, ist in etwa so wahrscheinlich wie das Auffinden der Stecknadel im Heuhaufen. Fakt ist nur: Es gibt ihn wahrscheinlich noch - irgendwo auf diesem Planeten.

Bei der Panne am Straßenrand feststellen, dass in der Werkzeugrolle nur metrisches Werkzeug ist

092

Okay, so etwas passiert in der Regel nur Rookies – aber es passiert! Gern auch Leuten, die neben ihrer Harley noch ein Motorrad aus Japan oder Europa ihr Eigen nennen. Da das serienmäßig mitgelieferte Werkzeug in der Regel jeder Beschreibung spottet, nimmt man ohnehin meist die selbstgepackte Rolle mit auf die Tour, und wenn man dann in der Hektik vor dem Aufbruch mal kurz mit den Gedanken woanders ist … Vor der eigenen Zerstreutheit schützt ein „Metrinch Tool Set" – in ihm sind alle Maße vereint.

093 Vor seinem alten Kindergarten einen Donut auf den Asphalt malen

Einen sauberen Donut kann man mit seiner Harley sicher an vielen Plätzen auf den Asphalt radieren, doch wo könnte die Befriedigung größer sein als vor dem Ort, an dem die eigene Sozialisation einst rasant Fahrt aufnahm? Der schwarze Kringel lässt nicht nur die vielen damals vom Regen weggespülten Kreidezeichnungen ein für alle Mal vergessen, sondern belegt außerdem eindrucksvoll, dass am Ende doch noch was aus dem Kind geworden ist!

Mit „Willie G." Davidson über das Harley-Design diskutieren

094

Er ist Enkel eines Firmengründers, wurde 1933 geboren und trat schon bald nach dem Designstudium im Jahr 1963 seinen Dienst als erster „Chief Styling Officer" bei Harley-Davidson an. So war sein Design-Team etwa verantwortlich für das Design der Super Glide, der Low Rider, des Cafe Racer, der Heritage Softail Classic, der Fat Boy, der V-Rod oder auch der Street Glide. Im Jahr 1981 kaufte er gemeinsam mit anderen Harley-Managern das Unternehmen vom Mischkonzern AMF zurück und fungierte fortan als Senior Vice President. Im Jahr 2012 gab er dann im Alter von 79 Jahren seine Ämter in der Unternehmensführung auf, ist seitdem aber weiterhin als Markenbotschafter und als emeritierter Chief Styling Officer an Special Design Projects beteiligt. Und William Godfrey Davidson zeigt sich nach wie vor gern bei großen Harley-Veranstaltungen, weshalb es durchaus passieren kann, dass man ihm dort begegnet. Strategie für peinliche Gesprächspausen: Mit dem Künstler über seine Aquarell-Werke plaudern …

095 Eine alte Harley zum Chopper umbauen und auf Anhieb mängelfrei durch den TÜV kriegen

Es gibt ja viele Situationen, die auf einer Harley zu beschleunigtem Herzschlag führen können. Kaum zu toppen in dieser Hinsicht ist allerdings der Moment, in dem der TÜV-Prüfer nach eingehender Begutachtung ohne weitere Beanstandungen eine Plakette auf den Chopper-Umbau Deiner 40 Jahre alten Harley klebt. Das mag wie ein absurdes Märchen klingen, kann aber tatsächlich funktionieren. Dafür empfiehlt es sich allerdings, mit der in Frage kommenden Prüfstelle schon im Vorfeld zu klären, was möglich ist und was nicht. Erstaunlicherweise könnte in diesem Fall ein hohes Alter der Maschine hilfreich sein, denn je älter ein Motorrad ist, umso geringer sind die Vorgaben.

096 Zu jedem der Harley-Typenkürzel auf Anhieb das richtige Modell nennen

FLSTN, FLHTCU, XLCR, FXDWG – für die Nomenklatur seiner Modelle lässt man bei Harley-Davidson seit jeher die Buchstaben gern in Kolonnenstärke antreten und versteckt hinter bislang mehr als 80 derartigen Bandwürmern stets ein ganz bestimmtes Modell. Dabei verteilt man die Buchstaben nicht etwa willkürlich, vielmehr kann der Kundige an der Buchstabenkombination sogar relativ leicht ablesen, um welche Harley es sich dabei handelt. Ohne allzu viel zu verraten: „XL" steht immer für eine Sportster, „F" entlarvt einen luftgekühlten Big-Twin-Motor, und hängt der in einem Tourerfahrwerk, dann folgt auf das „F" immer ein „L". „FX" wiederum bringt „XL" und „FL" unter einen Hut, denn hier kommen Gabel und Vorderrad von der Sportster, Rahmen, Triebwerk und Hinterrad jedoch von den Tourern. Folgt auf das „FX" ein „D", so sprechen wir von einer Dyna Glide, während das Kürzel „ST" für eine Softail steht. Hinzu kommen noch diverse weitere Buchstaben, den gesamten Code aufzuschlüsseln, würde an dieser Stelle allerdings eindeutig zu weit führen. Nur so viel: Wer sich das Ganze eingepaukt hat, wird sofort ein Bike vor Augen haben, wenn er z. B. die Buchstaben „FLHTCUI" hört: nämlich einen Tourer (FL) in der Highway-Touring-Variante (HT), in ultra-klassischem Styling (CU) mit Einspritzung (I). Ist doch ganz einfach, oder?

Mit einem Harley-Tourer ein Gold-Wing-Treffen besuchen

097

Dieser Punkt auf der Bucket List lässt sich wohl am ehesten unter der Rubrik „Völkerverständigung" einordnen, in gewisser Weise treffen hier sogar zwei Glaubensgemeinschaften aufeinander. Doch wenn man das Ganze nicht allzu missionarisch angeht, lässt sich vielleicht die eine oder andere Brücke bauen. So oder so wird man nach dem Besuch umso mehr an seinem V2-Goldstück hängen, wetten?

098

Mit einer Harley der „Cuban Harlistas“ die Schönheit Kubas erleben

Die Marke Harley-Davidson hat auf Kuba eine lange Tradition, die allerdings Ende der 1950er Jahre nach Fidel Castros Revolution jäh zu enden drohte. Denn was unter anderem folgte, war ein rund 50-jähriges US-Embargo, wodurch die rund 2000 zu der Zeit auf der Insel registrierten Harleys von jeglicher Ersatzteilversorgung abgeschnitten waren. Doch zeigten sich die Kubaner bei ihren improvisierten Notreparaturen über die Jahrzehnte hinweg durchaus erfinderisch, und so überlebten auf Kuba bis heute immerhin rund 300 Maschinen, die allesamt vor 1960 gebaut wurden. Zwar hatten viele Motoren schon bald Auto-Kolben, gern wurden auch russische Ural-Lichtmaschinen, Räder und Reifen von VW-Limousinen oder andere verfügbare Autoteile verwendet, aber irgendwie musste es ja weitergehen. Deshalb wurde ein durchlöcherter Reifen auch schon mal mit Gras gestopft, Hauptsache, er rollt. Seit der Lockerung des Embargos hat sich die Situation zwar deutlich verbessert, doch besteht die eingeschworene Gemeinschaft der „Cuban Harlistas“ auch weiterhin. Treffen kann man sie jeden Samstag am „Hotel Nacional“ in Havanna, wo sie direkt am Meer neben ihren Maschinen sitzen und bei Rum und Cola über ihre Maschinen und die alten Zeiten fachsimpeln. Und wenn man sie nett anspricht, ist sicher auch ein kleiner Roadtrip drin.

CUBA

099 Auf dem Timmelsjoch ins Museum gehen

Mindestens ein Mal sollte man seiner Harley auch die Alpen zeigen, wofür sich in der rund 1200 Kilometer langen Gebirgskette natürlich etliche Regionen anbieten. Ein ganz besonderes Schmankerl wartet jedoch im österreichischen Ötztal, denn dort windet sich die Timmelsjoch Hochalpenstraße auf 2175 Meter, wobei die Fahrt hinauf neben einem spektakulären Straßenverlauf und atemberaubenden Ausblicken noch eine weitere, überaus angenehme Begleiterscheinung hat – besser gesagt, eine Begleit-Nicht-erscheinung: Weil sie stellenweise so steil und eng ist, dürfen Lkw und Pkw mit Anhängern die Straße nicht befahren. Die eigentliche Kirsche auf der Torte erreicht man allerdings erst, wenn man oben auf der Passhöhe angekommen ist. Denn dort steht mit dem „Top Mountain Motorcycle Museum" Europas höchstgelegenes Motorradmuseum, und das ist nicht nur ziemlich hoch, sondern mit mehr als 500 Exponaten von über 150 Herstellern auf 4500 Quadratmetern auch noch mächtig groß. Untergebracht in einem wunderschönen Gebäude, das sich mit kühnem Schwung in die Felslandschaft schmiegt, finden sich dort natürlich auch viele sehenswerte und zum Teil extrem seltene Highlights aus der langen Harley-Historie. Sollte man sich wirklich nicht entgehen lassen – allein schon wegen der Anfahrt.

Mit seiner Harley das Navi ausreizen – oder umgekehrt

100

Bei diesem Punkt auf der Bucket List liefert man sich ganz und gar seinem Navigationsgerät aus. Für den vollen Spaß braucht man allerdings ein Gerät, das die Optionen „kürzeste Strecke“, „kurvenreichste Strecke“ und außerdem noch „maximale Höhenmeter“ kombiniert. Dann fährt man in ein beliebiges Mittelgebirge und gibt vor Ort einen rund hundert Kilometer entfernten und möglichst kleinen Zielort im Nirgendwo ins Navi ein, um sich dann vom Satelliten durch die Landschaft ziehen zu lassen. Garantiert wird man so Wege nehmen, die man ansonsten niemals gewählt hätte.

Weitere Empfehlungen für Sie

120 Seiten, 168 x 210 mm, Softcover
ISBN 978-3-96664-299-6

9,99 €

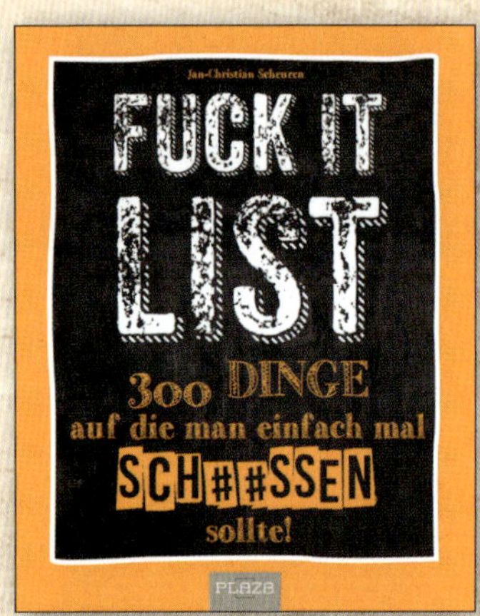

144 Seiten, 168 x 210 mm, Softcover
ISBN 978-3-96664-133-3

€ 9,99

128 Seiten, gebunden, Set mit Buch & Jumbo-Steakmesser von Tramontina
ISBN 978-3-95843-877-4

€ 28,–

160 Seiten, 148 x 210 mm, Softcover,
ISBN: 978-3-96664-001-5

€ 19,99

FOOD
ENTALS
Godfather Baggers
Godfather Bagge